东北的态度

THE ATTITUDE OF THE NORTHEASTERN ARCHITECTS

东北建筑师的本土创作

THE NORTHEASTERN ARCHITECTS'NATIVE DESIGN

《城市·环境·设计》（UED）杂志社 主编

辽宁科学技术出版社
·沈阳·

图书在版编目（CIP）数据

东北的态度：东北建筑师的本土创作／《城市·环境·设计》（LED）杂志社主编． —— 沈阳：
辽宁科学技术出版社，2011.12
ISBN 978-7-5381-7263-8

Ⅰ．①东… Ⅱ．①城… Ⅲ．①建筑设计—作品集—东北地区—现代 Ⅳ．① TU206

中国版本图书馆 CIP 数据核字（2011）第 256536 号

《城市·环境·设计》（UED）杂志社 主编

联系电话：010-88384186
地　　址：北京市海淀区甘家口阜成路北一街丙 185 号
网　　址：www.uedmagazine.net

出版发行：辽宁科学技术出版社
　　　　　（地址：沈阳市和平区十一纬路 29 号　邮编：110003）
印 刷 者：北京天成印务有限责任公司
经 销 者：各地新华书店
幅面尺寸：210mm × 275mm
印　　张：18.5
插　　页：4
字　　数：150 千字
出版时间：2011 年 12 月第 1 版
印刷时间：2011 年 12 月第 1 次印刷
责任编辑：付蓉、尹婧
版式设计：王大远
责任校对：刘丽丽

书　　号：ISBN 978-7-5381-7263-8
定　　价：298.00 元

联系电话：024-23284376
邮购热线：024-23284502
E-mail：lnkjc@126.com
http://www.lnkj.com.cn
本书网址：www.lnkj.cn/uri.sh/7263

序

东北印记

离开东北已将近一年，曾经熟悉的人物、事件与场域渐渐地被时间掩埋在记忆的某个层面并逐渐变得模糊起来。昨天晚上在阅读杨晔、崔岩、康慨的作品时，一幕幕场景再次浮现，与三位曾经在一起的各个片段与城市再度涌现，大连、沈阳、北京、长沙、威尼斯、金泽、天津曾遍布着我们共同的足迹，三位建筑师对建筑创作的执着与追求让人感动，其表现形式与表达方式尽管各有差异，然而视建筑如生命，或将建筑创作融入生命成长的血液之中的某种真挚是其同时代的建筑师的佼佼者。

与杨晔相识在本世纪之初，时任辽宁省建筑设计研究院院长，初次印象是一名很虔诚的职业建筑师，举止言谈不仅具有专业修养而且透露出企业领军人物的种种潜质，当时大概三十二三岁吧。事实证明辽宁省建筑设计研究院近十年来在他的带领下实现了跃迁。

崔岩应该是大连理工大学建筑学院的骄傲，在校是一名优秀学生，离校是一名优秀的建筑师，在市场浪潮冲击下，他并未随波逐流，亦非仅仅将自己定位为一个海边城市的地方建筑师，其视野立足于全国与国际建筑界。

康慨，真正熟悉他是在他一场大病痊愈之后，印象是他很健谈，虽有时并不顺耳，但很热爱建筑。在全国性的学术论坛上，他的讲话总是偏离主题，但具有某种"赵本山"式的调侃性。我专程去北京看了他设计的宋庄艺术家工作室，建筑所营造的意境独特，让人十分感动，我常戏称他是东北"狼"，认为这个评价对他很合适。

他们三位联手在沈阳做一个作品联展，应该是辽宁省乃至东北建筑界的一次盛事，在我看来东北地域太需要这样的"事件"出现。

在展示、宣传、推出优秀青年建筑师方面，东北与北京、上海等地相比相距甚远。在东北这片黑土地上曾经产生一批批优秀的建筑英才，然而却不见主流媒体的报道，我反对过多的媒体宣传，然而在当代社会如果没有媒体的报道就会常常让人才淹没。

诚然，东北杰出的建筑师远不止这三位，然而三位建筑师作品的展示与出版毫无疑问会对东北建筑界产生某种形式的冲击。三人的举措表明对建筑的态度，执业的精神与修养，对建筑精品的追求和商业化浪潮下的独立人格，其社会效应却远远超于此。该展览引发人们对东北建筑的反思，如何去理解或构建全球化背景下的东北地域建筑，同样会对青年建筑师产生某种心灵的震撼，并激发他们潜在的创作激情。展示与出版不仅是个人对前一阶段工作的总结与归纳，同样会促进个体对未来职业生涯的重新定位，以及潜意识中实现跃迁的某种期待。

东北这片黑土地幅员辽阔、特色鲜明，有大连的滨海特色、沈阳的历史底蕴、长白山的瑰丽壮阔、哈尔滨的冰灯雪雕。东北人热情好客，具有侠客精神，与南方人迥然不同。透过三位建筑师的作品可以感受到一种东北人的境界。希望这样的作品展示会引起一批批新的植根于东北的优秀建筑作品，不仅体现我们所处的时代精神，更要反映人类对建筑的真正需求，从而使人类世代健康地生活在与之息息相关的地球上。

在此衷心祝愿三位建筑师作品展览成功，并期待你们在中国建筑界取得更加优异的成绩。

孔宇航

2011 年 11 月 30 日 于 天津大学 友谊湖

只是我的态度

看到这个主题——东北的态度，我非常兴奋，异常激动地展纸着笔，想一吐为快，把胸中郁结很久的地方情怀释放出来。这儿的天、这儿的地、这儿的城市、这儿的建筑师，要说的太多了。我原以为会文思泉涌，可是三纸却无驴，发现自己有些好高骛远、自以为是了。太大的主题把握起来摇摇晃晃，我书教久了，真的练就了把简单问题复杂化的本领，但反过来就不灵了。废了！重来！

东北太大，先说说辽宁吧，可辽宁 14 个城市，各具特色：只说说沈阳和大连吧，城市内涵又太深，那就只能说说这几个人吧。

我喜欢"态度"这个角度，虽然说细节决定成败，但是态度能决定一切！他们三个能代表东北吗？也许可以吧，他们是东北建筑师中坚力量的代表和缩影。他们是中国新与旧的挣扎中崭露头角的青年建筑师，有成就，也有挣扎和困惑。理想与现实的矛盾是他们心理结构中的基本矛盾。他们怀揣着学生时代的梦想，执着于建筑的理念，奉献生于斯养于斯的城市，妥协于政府和业主的平衡。

开始学建筑时我就喜欢赖特，觉得他的建筑与大自然融合的天衣无缝；后来我喜欢路易斯·康，迷恋上他光阴和光影的故事，认为建筑的哲学内涵和精神世界至高无上；再后来又被安藤忠雄所折服，他让我了解了建筑不仅是精神更是场，释放着无穷的能量；哈迪德的骇俗和善变、妹岛的空灵与飘逸更是近来与学生孜孜不倦地探讨的话题。大师们为物质形态的建筑赋予了精神、文化和灵魂的主题，他们的光辉一直照耀着、激励着我们。每个建筑学的学子心中都有各自崇拜的大师，也都有成为大师的梦想，他们之中也不乏梦想成真之人。过多的励志教育，早已把我们中的大多数人塑造成了充满理想但实际上又不知所措的迷茫者和失落人。网络上有一句话很精彩："我们每个人生来都是原创的，但活着活着不小心就变成了盗版，有些人还活成了山寨的。"

当我开始真正走进城市，发现周围最多的是领袖级大师的光芒照耀不到的地方。那这里的风采是谁赋予的？人们每天生活工作的地方的品质是谁创造的？我们过多的探访大师的足迹，却忽略了身边的英雄。

杨晔、崔岩和康慨都是在生产的同时实践着理想。因为他们都是名院的院长或总工，须为单位基本的生存、发展而努力，但他们心中并未因此而泯灭理想。他们不仅仅完成生产性任务，还关注社会、民生，关注环境，地域文化，关注精神世界。他们的理想不再仅仅是成为大师，还要完成城市缔造者的使命。

建筑师没有必要为了流派而流派，为了思潮而思潮。这三位建筑师并没有高调地提出什么理论，但他们的创作方式也不尽相同。如果说康慨的"当下实验性与当代时限性"算作口号式地喊出了自己的创作态度，那杨晔和崔岩就是在踏踏实实地实践着自己的作为本土设计师热爱家园的创作态度。生活态度真的会影响创作态度。杨晔的儒雅与睿智、崔岩的稳重与豁达和康慨的不羁与幽默，文如其人，其作品更是他们心灵的折射。他们有共同点，都保持着学院派的风格绅士而经典。作品中的每个细节都充满思考，在不经意间展现出深厚的专业底蕴，那是一种不声张的张扬，是百年老壶里的茶香，淡淡四溢。同时，他们在作品中传达信息以及进行创作时的状态和心态又是各具特色。

杨晔的作品反映出他单纯朴素却很伟大的思想，追求的是建筑的生命而不是建筑师的永恒。因此，他在实现个人的理想的同时，更关注实现公众的理想。1990 年他在西安建筑科技大学（当时的西安冶金建筑学院）读书时获第十七届 UIA 大会世界建筑大学生设计竞赛第一名——联合国教科文组织奖（UNESCO PRIZE），这是中国学生第一次获此殊荣。从那时起，荣誉和光环就一直笼罩着他，他有理由、有机会使用外部的投资来实现自己的精神理想，但是看看他的作品和作品背后的故事，我看到的不是自我标榜，而是建筑师的社会责任。他利用各种可能的、必要的技术手段与空间组合创造了人与建筑间积极的、健康的和谐关系。

建筑师的精神可以凌驾于建筑本体的精神之上吗？今年的 UIA 大会我们代表团去桢文彦事务所拜访了桢文彦老先生，他的建筑观给了我很大的触动。当问到他怎样实现自己的建筑风格的时候，老先生说他没有刻意去形成自己的建筑风格，而是考虑每个建筑的性质、业主的要求和城市景观的要求。

正是这种和谐的建筑观使我们的世界趋于和谐。我们要张扬的是建筑的个性，而不是建筑师的个性。崔愷大师在"左右左"展览的题目叫：本土设计，主张建筑应该跟本土的环境、地域文化以及地域传承有关。"土"是对环境的关心，对于环保、节能以及低碳的关心；"土"字体现的更是对建筑本体的关心。崔大师把建筑师的精神、建筑的精神以及环境的精神融为一体，感动着建筑的使用者和参观者。当这种精神成为主流，我们就再也不必担心我们自己的文化会流失。这些思想真的很朴素，但是也真的很伟大！

这三位建筑师都置身于熟悉的气候条件、地域人文和城市空间，他们都在努力把最适合的建筑融入最适合的环境中。

在大连这个空间和心灵都可控的城市，设计师要有更宽阔的胸怀才不会使他的设计凌驾于城市之上，而是融入其中，成为城市发展的良性细胞，优雅并富有尊严地持续下去。崔岩的设计往往选用适宜的技术策略融合到特定的环境中，进而建造适当的城市空间和景观。他把建筑本身看作是空间的构件，探求如何让这个构件符合业主的需求，保证各种部件的细部工艺和材料质量，满足人们对建筑的感官要求，提升建筑内部及周边的生活质量，改善、创造新的行为方式，这种精益求精的设计过程是他作为建筑师最大的工作享受！

建筑思潮往往与文学、艺术和哲学的发展息息相关，因此建筑师与各个行业的交流就显得非常重要。康慨与艺术界的一拍即合，得益于他的愤世嫉俗和众醉独醒的派头。他是我接触的东北建筑师里面最善于侃侃而谈的，有他参加品著一定会到天亮。他把东北人大开大合的豁达和肆无忌惮的幽默演绎得淋漓尽致。他善于将建筑方案转译为另一种可能性的语言体系，喜欢用场景、镜头和叙事来完成作品。其言语间希望用建筑学的边缘语言形成恒久的支撑性和隐匿的控制力，但我认为他的作品更多的是显示出绝佳的比例尺度以及空间的经典之美。不过，我有时候想跟康总探讨一下：清水混凝土好是好，但是我们做不好，为什么要勉强呢？周恺在做冯骥才文学艺术研究院的时候，亲自带工人试验了若干种混凝土表面肌理，最终选择了现在的凿毛质感，完美地解决了质感和工艺以及经济的问题。

我一直在想，生活的态度和创作的态度有多少可以重合？库哈斯在一次国际建筑设计研讨会上说："中国建筑师的数量是美国建筑师的十分之一，在五分之一的时间里设计了五倍数量的建筑，这就是说，中国建筑师的效率是美国同行的250倍"。我们的建筑师何堪重负？中国建筑师的创作态度和社会发展有没有直接的关系？这是现实，我们能不浮躁吗？我们浮躁是因为我们心理建设都没准备好，社会进步得已经快要爆炸了！境外设计师来中国是什么心态，是不是和高盛、索罗斯一样？我们真的要睁大眼睛辨别一下。我们没做好，一直在反躬自省，他们呢？看看他们在我们的国土设计的东西，跟他们本土是一个品质吗？

东北是被他们污染的较少的地方，经济发展的滞后反倒挽救了我们的文化。在他们还没来得及侵略的时候，我们已经有一部分人觉醒并逐渐成熟，这种喘息的机会真是来之不易。杨晔和崔岩都有很多与境外设计师合作的项目，正是因为他们的把握，使得这些建筑没有偏离城市发展和文化背景的大方向，恰如其分地溶入了这个城市，成为长在我们身上的美痣，而不是毒瘤。

我们有的时候会称某些建筑师为商业建筑师，很多建筑被批评太商业化，敢问有几个建筑设计的过程不是商业行为？重要的是建筑师怎样看待里面的商业机会，他们怀着什么样的创作动机。一味的迎合甲方和追求利润就会产生如沈阳"大钱儿"这样的媚俗之作，这个作品也是李祖原大师的作品啊。刘震云在获得矛盾文学奖接受采访时，这样评价冯小刚：大家对他的认识和他本来的面目是有偏差的，"比如讲他是一个商业导演，这是一个很大的误区。你看他的片子，里面并没有特别强烈的商业元素，没有暴力、没有性，不杀人不放火不上床。他的片子严格说是文艺片，票房却能达到一般商业片达不到的程度，这里面肯定发生了什么。"我想这三位建筑师，应该跟冯小刚一样，这里面一定发生了什么！

我感动于几位建筑师对城市的感情倾注！杨晔曾经说："城市既然不是一天被破坏的，也就不可能一天被修复"，所以他在努力地一点点修复心中动人的城市。他在鲁迅美术学院校园中进行了16年的设计实践，完成了大小20多个建筑，一次次的修复城市空间环境的工作，使他对在城市中进行设计实践时的灰心和无助多少得到了些恢复和治疗。可是建筑师真的很无助，我们的城市也很悲哀，老校区明年就要被夷平了！多么希望我们的城市发展可以放慢些脚步，让人们停下来看看身边的风景，让城市更有生机，更有灵魂，更有深度和厚度。不要把我们周围都用崭新的物质包围起来，让我们在百年老树下学习，让孩子们看到而不是听到城市的历史，让各个时代的建筑与青苔、铁锈和斑驳的雨迹共存。我期待着……

我们既不要被外来文化摧毁，更不要被自身的政治、经济、文化摧毁，这一代建筑师挺过来了，下一代呢？今晨新闻，郭敬明以2450万元版税第三次夺得中国作家富豪榜冠军宝座。而我们年轻时推崇的李敖、周国平、王蒙等今年跌出榜单，哪怕是学术"玩"的风生水起的钱文忠也不见入榜。我有些悲观地想：一个年轻一代对郭敬明如此推崇的时代，我们对二十年后能有什么期待呢？

这像是个悲观的结束，但我向来是乐观的人，与三位建筑师一样，在"寓于乐"与"游于艺"中得到心灵的满足。正所谓"好之者不如乐之者"。看看杨晔的沈阳市图书馆和鲁迅美术学院体育馆，看看崔岩的第十中学和北方金融中心，看看康慨的东软系列建筑，或许我们的心情能些？！

朱玲

2011 年 11 月 21 日 于 沈阳建筑大学

序

■ 杨晔

■ 崔岩

目录

■ 康慨

■ 后记

YANG YE

杨晔

1968 年出生
毕业于西安冶金建筑学院（现名：西安建筑科技大学）建筑系建筑学专业
新加坡南洋理工大学（NTU）人文及社会科学学院公共管理专业
获工学学士、公共管理硕士（MPA）学位
现任辽宁省建筑设计研究院院长、教授级高级建筑师

1990 年"A House For Today——A House living between Memory and Expectation"获第十七届UIA（蒙特利尔）大会世界建筑大学生设计竞赛第一名——联合国教科文组织奖（UNESCO PRIZE）
1990 年 7 月至 2002 年 5 月就职于辽宁省建筑设计研究院，历任副主任工程师、副所长、院副总建筑师、技术副院长
1994 年一次通过国家一级注册建筑师考试
1996 年 11 月取得首批国家一级注册建筑师资格
1998 年中国建筑学会青年建筑师奖（ASC YOUNG ARCHITECT AWARD）
2002 年 5 月至今任辽宁省建筑设计研究院院长
2004 年 12 月取得首批内地和香港注册建筑师互认资格
2005 年亚太经合组织（APEC）建筑师中国 APEC 建筑师（CN00027）
2005 年辽宁省享受国务院颁发的政府特殊津贴专家
2008 年首批辽宁省工程勘察设计大师

CITY READER
读 城

杨晔

这是一个信息爆炸的年代，不仅反映在身边的各种媒体之上，也渗透在生活中的每个角落之中，房产信息、时装信息、娱乐信息、就业信息、美食信息，凡此种种，不一而足。所有可以在市场上提供的产品和服务几乎都伴随着各式各样的信息，当然我们城市里的建筑也不能免俗，更何况从某种意义上讲，各式各样的城市中的建筑也恰是各式各样信息的载体，它会是其他各式信息的一种滞后反映，却都可以在一段时间里折射出各式信息背后的因由。

记得小时候逢年过节，各个单位的门口、自家的门口都免不了张灯结彩、打扫布置一番，而往往房子背后却不得不堆上一些还来不及或者还未想好是否忍心处理掉的家什、物件，尽管难看，却很真实，其实这里才是房子前面那些"真实"表面背后的真实，在今天，物质世界中的繁华与精彩、时尚与潮流的背后，也同样是我们有兴趣也有必要探求的一面。

在此不妨简要回顾一下过去三十多年里发生在我们身边，城市中那些有趣也耐人寻味的变化，对于我们这个年龄段的人似是更有同感。1978 年前的十年，伴随着"文革"后期与"文革"刚过的社会变迁的特殊色彩。在我的脑海里，那时的沈阳城，居多的是那些灰色、砖色以及白粉墙的建筑，如同那个时代人们服装的色彩和样式一样，淹没了个性的人们在城市之中移动，而淹没了个性的色彩和样式则在许多像沈阳这样的城市中出没，所以才有了 20 世纪 70 年代末沈阳的北二路口三叉形的铁路高层公寓和建设大路上那座老百姓俗称"21 节大楼"的高层住宅出现时引起的不小轰动。

1978—1988 年的十年是中国社会再次萌动、苏醒的十年，经济领域、政治领域的事件也可谓层出不穷。此间曾被称作"垮掉的一代人"，今天则有许多早已成为了各行各业的领军人物和佼佼者，其中也不乏房地产行业的业内精英。这是一个摸着石头过河的年代，各行各业、从上到下都会有此感受，不过凤凰的重生与涅槃本身就是一种辩证。价格双轨制这一经济体制转型期的特点在这十年也造就了"萝卜快了不洗泥"的尴尬的城市建设局面，缺少了激励机制的住房制度，体现在改革转型期的城市住房建设上自然也就难免"火柴盒式建筑"的命运了。

1990—2000 年的十年，是形成今天中国让世人瞩目这一结果的关键十年，计划经济向市场经济的过渡不仅激发了众多理性的中国经济人去脱贫致富、追求美好生活的积极性和创造力，也在经济、社会进一步开放中吸收了大量的异域营养，同样也有尚未搞清楚的"营养"成分和各式"补品"。利弊混杂、得失并存，这些反映到它们的载体上，人们饮食起居、工作生活的各种载体——城市中的各式建筑上，也就呈现给了我们更多的惊喜、疑惑和无奈，如同一股洪流，让你很难不随波逐流，所以才有了那一阵子所谓的"欧陆风"，又一阵子所谓"符号建筑"；一阵子建筑上蓝玻璃到处泛滥，又一阵子绿色的玻璃到处都是，我们还都记得 20 世纪 90 年代的中期，国家的宏观经济也在较高的通胀背景下进行了一轮至今记忆犹新的调控，其实那个时期需要调控的又何止经济一个领域？政策的制定与执行以及各地区经济发展的不均衡使得那时"不怕做不到，就怕想不到"成为了缩影，可能这也是市场经济初级阶段的一种必然。

世纪之交到现在另一个十年又过去了，这是一个更加多元化的十年，中国入关之后的经济脚步更加快速也更加充满变数，随着各领域对外开放的进一步扩大，国际资本、信息、人员的交流进一步增多，贫富分化逐渐加大的势头、环境和能源压力的剧增等一系列之前几十年的中国社会中已经陌生的事物和问题相继出现，为中国的经济、社会以及政治生活的进一步转型和发展都提出了更多、更新和更为复杂的问题。雾里看花、水中望月，透过现象找到本质是这段时间带给我们一个个兴奋之余的最大题目和挑战。

亚当斯密的经济学假设告诉我们，这个世界资源是稀缺的，而人则是自私自利的理性经济人，还有一个有趣的的推论是：自私自利的理性经济人在信奉效率的市场上打拼的结果恰是实现社会公平的基础。一旦人的这种理性被激发出来，其能动性和创造力是惊人的，包产到户带给安徽农民乃至全国农民解放生产力的巨大激发力量，打破铁饭碗带给城市工薪族的巨大冲击和机遇，所有制形式从国有向混合所有乃至民营化的转变过程中所发生的一切都让我们明显地感受到了这一假设的存在，同时也让我们感受到了它的残酷性。

但是另一个有趣的社会生活现象也在美国马里兰大学的奥尔森教授的《集体行动的逻辑》中给出了答案，奥尔森的理论的中心论点是：在社会中，公共物品一旦存在，每个社会成员不管是否对这一物品的产生做过贡献，都能享受这一物品所带来的好处。公共物品的这一特性决定了，当一群理性的人聚在一起想为获取某一公共物品而奋斗时，其中的每一个人都可能想让别人去为达到该目标而努力，而自己则坐享其成。这样一来，就会形成中国俗语所说的"三个和尚没水喝"的局面。这就是所谓的"搭便车困境"。

公共物品指的是一经产生，全体社会成员可以无偿共享的物品。社会上的大部分物品都不是公共物品，比如，在商厦里看到的琳琅满目的商品，除非偷抢，不付钱就不能获取。虽然社会多数物品不是公共物品，公共物品却是我们整个社会和文明得以存在的关键。

由于存在以下机制，奥尔森认为"搭便车困境"会随着一个群体中成员数量的增加而加剧：1. 当群体成员数量增加时，群体中每个个体在获取公共物品后能从中取得的好处会减少。2. 当群体成员数量增加时，群体中每个个体在一个集体行动中能做出的相对贡献减少（如果只有两个人时你能提供 1/2 的贡献的话，在一个 100 人的群体中你只能提供 1/100 的贡献）。这样，因参与集体行动而产生的自豪感、荣誉感、成就感等感觉会降低。3. 当群体成员数量增加时，群体内人与人之间进行直接监督的可能性会降低。也就是说，在大群体内，一个人是否参加某一集体行动往往无人知晓。4. 当群体成员数量增加时，把该群体成员组织起来参加一个集体行动的成本会大大提高。也就是说，大群体需要付出更大的代价才能发起一场集体行动。因此，在一个大群体中，虽然每一个人都想获取一个公共物品，但每个人都不想因此而付出代价。这就是"搭便车困境"。

让我们再次回到我们身边的城市，去阅读我们生活工作、休养生息的城市。城市是人类文明的结晶，是人类集中使用资源的聚居地，城市建筑也因此成为城市现象中最古老的元素。除了解决每个城市居民的生活、生产之必需，更重要的一点是随着人类的进步，社会的细胞之———城市（古希腊的城邦国家是城市与社会、国家相结合的典型例子）还要提供给民众越来越多的公共物品。人类文明之所以能够产生，就是因为人类能够组织起来为公共物品而奋斗。人类文明发展的每一步也都是在解决"搭便车困境"的基础上得以实现的。

但是我们无法否认的是：在现时，在我们经济发展的上升期也是初级阶段，在效率目标的实现还有相当一段路要走的当下社会，在追求效率的同时公平目标的缺少已不仅仅是一种隐忧，更是一种现实。

在奥尔森的结论中，我们弄清了为什么个人能够看清的是非和取舍，可能到了集体行动的环境下就变了味道，也开始了解这种集体行动逻辑的力量。明明与老百姓关系密切的居住建筑既是城市建筑的大多数，更是一个城市色彩的基调。可是在实现它的过程中，并不是大家（具体地讲，这里的大家不仅仅是那些开发商们，还包括在实现过程中的各个环节—公共政策的制定和执行者、规划设计建设的执行者、流通环节的操作者等）的认识和操作都会形成一致，理性的经济人追求效率的天性使我们在不同的时间段上采取了许多有失公平，更确切地说是在一个更长的时间段来衡量也有失效率的作为，想想看既简单也复杂，可能集体行动的逻辑更容易为我们理清头绪。

阅读我们身边的城市是一个既应该看到希望也应该察觉到危机的过程，看到"房前"也同样去观察"屋后"的过程，在看到遗憾的同时也试着去体会对方的无奈。但是这些还远远不够，因为我们应该记住每个人自己的职责，知道即使为了理性的一己之利也没有理由去无度地挥霍，也没有必要去无限地追求。想想看，做一个有良知的开发商，做一个有责任心的设计师，做一个对得起纳税人的合格公务员，至少做一个有修养的合格公民是否应该成为我们的一个基本觉悟？

城市也好，城市中的建筑也好，这些都是物质的存在，是社会精神层面的反映，而且它们的寿命大多都超过人类；城市也好，城市中的建筑也好，它们都是有记忆的，这些记忆留在每个市民的心里，繁衍生息。如果我们的心态更平和一点，我们的欲望再收敛一点，我们看待每个人自己工作的态度都再客观一点、快乐一点、积极一点，是不是我们也可以期待我们的城市——这一每个生活其间的市民最大的一件公共物品——能够带给我们更多的新希望，也同样留给我们更多更美好的回忆呢？我想我们应该拥有这样的信心！

继续阅读我们身边的城市吧，不仅仅为了阅读。

NEGCC ELECTRIC DISPATCH TRADING CENTER

东北电网电力调度交易中心大楼

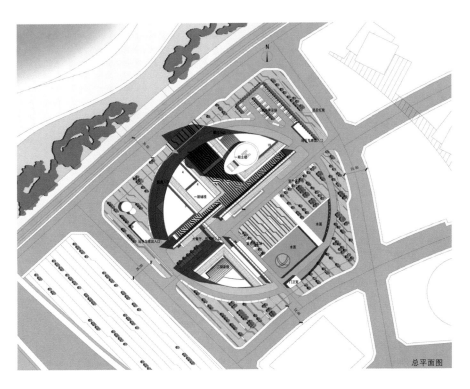

总平面图

项目名称：东北电网电力调度交易中心大楼
设计者：杨晔
合作建筑师：王瑞恒、朱士壮、张卓明、马峰
合作设计单位：BEYE SCHEID ARCHITEKEN GBR(德国)
建设单位：东北电网有限公司
建设地点：辽宁 沈阳
建筑面积：85 713m²
设计时间：2006 年
完成时间：2010 年

建筑的总体布局首先来自我们对基地的阅读，基地周边有大尺度的高速路与河流，规划之初近邻只有圆形平面的新华社和方形平面的汽车展厅，因此圆形母体的总平面布局成为与未来不确定环境形成对话的一种调和选择。与此同时，形式构成上，我们则希望与东北电网有限公司的VI标识和天圆地方的传统观念形成一些默契。功能上，我们将办公、会议等相近功能集中在主楼内，主楼地上共 20 层。顶层布置为企业的会所，楼顶的停机坪既是功能所需，又成为其形态上的特殊符号；有特殊要求的技术和业务功能以及后勤服务功能布置在 5 层辅楼内；副楼独立设计，功能自成一体，满足培训活动的各项要求，地上共 11 层。

根据对功能、体量、空间的分类归纳，我们把一座功能、空间都相对复杂的建筑整理为主楼、辅楼、副楼三个部分。主楼、辅楼和副楼分别占据基地的西南到东北三个朝向，形成了基地的倚靠。我们在东南角设计入口广场作为与周边环境之间的缓冲空间，成为城市的客厅，通过与弧形水面形成总平面完整的圆形，负阴抱阳。主楼与辅楼通过三层高的共享大厅分合自如，宽敞的共享空间，同时也可以举行各种集会和庆典活动；透过共享大厅可见秀美的浑河公园，景致被引入建筑内部，浑河北岸的城市建筑成为本项目的天然背景，同时也与这一方位延长线上的原东电大楼取得了某种精神上的联系。

立面表皮的处理采用两种"内外有别"的方式，三栋建筑沿基地外侧弧形边界的立面均采用统一的竖向线条形式，表达建筑与城市的服从关系和共性属性，内向基地的各立面采用模数化的象征电力的折线形式，展现企业的行业特征与个性属性。建筑的色彩来源于我们对北方地域气候和色彩审美习惯的理解，以重色作为建筑的基调，穿插暖色的陶土板，希望透露其统一之中的变化；两种肌理的表皮和不同材质体块的穿插，简洁地表达着当代的审美情趣，而对细节和比例尺度的关注我们则是希望建筑能够拥有永恒的魅力。

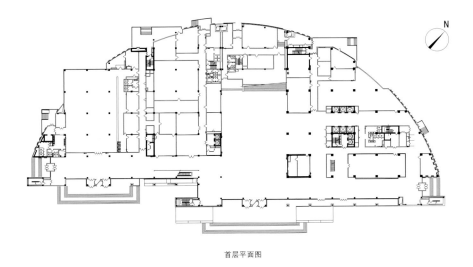

首层平面图

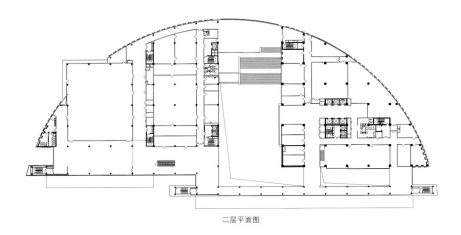

二层平面图

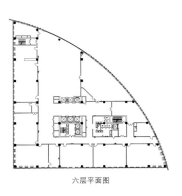

六层平面图

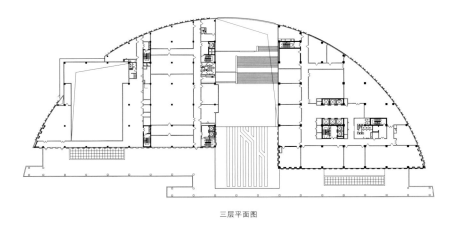

三层平面图

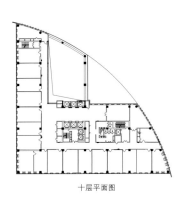

十层平面图

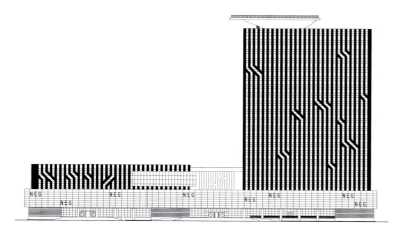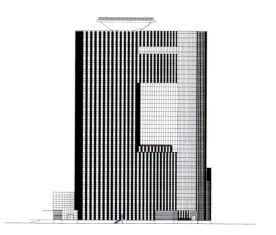

立面图

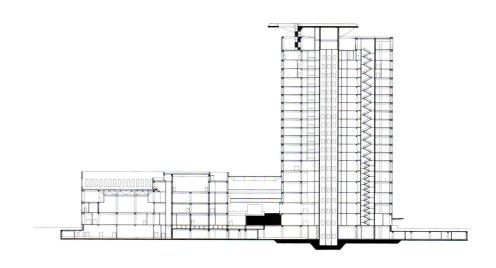

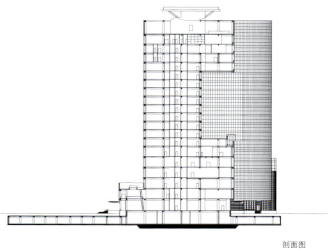

剖面图

LIAONING URBAN CONSTRUCTION SCHOOL NEW CAMPUS

辽宁省城市建设学校新校区

项目名称：辽宁省城市建设学校新校区
设计者：杨晔
合作建筑师：郝建军、陈玉、孙博勇、刘畅、
李英博、那夏溦
建设单位：辽宁省城市建设学校
建设地点：辽宁 沈阳
建筑面积：81 873.76m²
设计时间：2008 年
完成时间：在建

城市建设学校建设地点位于沈阳沈北新区虎石台开发区双楼子村。建设用地 18.52ha，一期规划建筑面积 80 000m²。沈北新区虎石台开发区是沈阳市全面开发沈北新区，建设功能完备的现代化、国际化大都市的重要区域，是文化氛围浓厚、科技产业发达、服务体系完整、优秀人才聚集的学、研基地。

规划设计强化其整体性，整合其功能结构和用地布局，强化院系之间、公共空间之间的联系。整个校园以 "生态走廊" ——中央景观区为核心，规划形成 "功能网络"，" 环境网络"，" 交通网络"。以 "网络" 的概念来强化校园的整体性和连续性。

建筑设计充分尊重自然因素。经济合理地平整场地，避让地形中的不利因素。建筑定位与自然地形有机融合。设计充分利用自然景观，充分考虑采光、通风、节能等生态因素，使建筑本身具有生态意义。

校园整体形态和空间序列

1．功能分区：为贯彻 "森林校园" 的建设目标，整个校区以 "校园绿丘" 为题，景观与建筑融为一体，在长达 200m 的生态走廊形成的南北轴线上，由南至北依次布置教学、生活、文体几大功能区，内部功能紧凑、合理，以生态走廊为中心分布，形成网络，组织了一系列各具特色的 "网络空间"。

2．绿化环境：在空间环境组织方面，以 "院落" 这一外部空间作为媒介，形成点、线、面不同层次的绿化体系。强调空间的流动与渗透，营造协调的整体环境。

新校区的规划与建筑设计，在整体风貌上，追求与沈北新区生态建设目标的契合；在与环境结合上，强调建筑与自然的共生、营造"森林校园"。充分利用基地周边的自然条件，保留和利用地形、地貌、植被和自然水系，保持绿色空间，保持校园文化与景观的连续性。在建筑的选址、朝向、布局、形态等方面，充分考虑当地气候特征和生态环境，因地制宜，最大限度利用本地材料与资源，建筑风格、规模与周围环境保持协调。尽可能减少对自然环境的负面影响，如减少有害气体、二氧化碳、废弃物的排放，从本项目这一个体上减少对生物圈的破坏。

总体规划设计强化整体性，整合其功能结构和用地布局，强化各功能单元之间、公共空间之间的联系。整个校园以"文化生态走廊"——中央步道为纽带，规划形成"功能网络"、"环境网络"、"交通网络"。以"网络"概念来强化校园整体性和连续性。

新校区各单体建筑外立面以纯净素雅为基调统一建筑风格，体现了理性严谨的校园精神和现代技术特征，同时配以具有识别性的色彩，设计突出和体现了各功能单元的特点和区别。

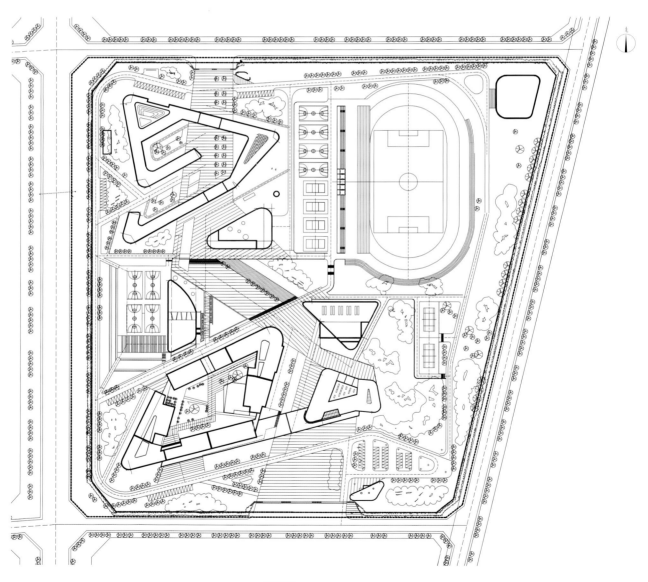

总平面图

SHENYANG LIBRARY & CHILDREN ACTIVITY CENTER

沈阳市图书馆、儿童活动中心

项目名称：沈阳市图书馆、儿童活动中心
设计者：杨晔
合作建筑师：刘路、郝建军、殷小东
建设单位：沈阳市城市专项建设领导小组办公室
建设地点：辽宁 沈阳
建筑面积：60 400m²
设计时间：2004 年
完成时间：2005 年

本建筑群的基地介于一些现存的独生独长，给人一种离群索居的结构印象的大体量建筑之间，主要通道青年大街在基地附近又进行了转折，基地形状并不规则，也不宽裕。在不足 6ha 的基地内规划两栋总建筑面积达到 60 000m² 的动静需求、面积、高度各不相同的建筑，从大的原则上采用了突出结合退隐的折衷体量构成方式加以组织和体现，调和与减弱基地周边已有的矛盾，并以阴、阳互补的相互关系求得内在的独立性和外在的自由感，创造出这组新建筑与已有的科普公园的新型和谐关系。

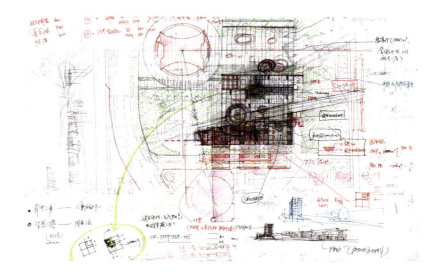

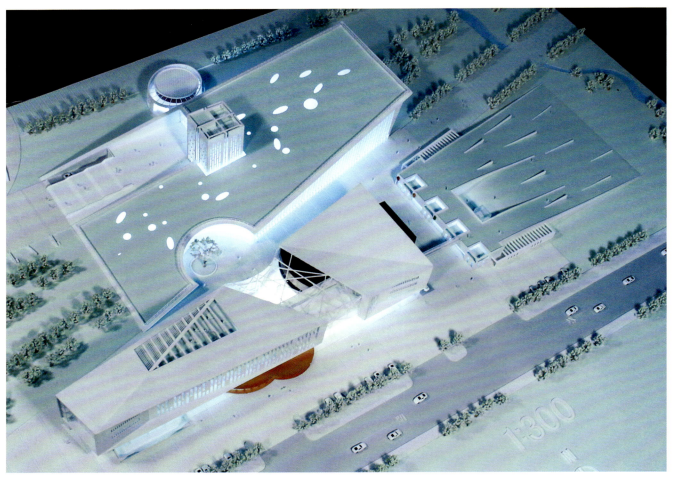

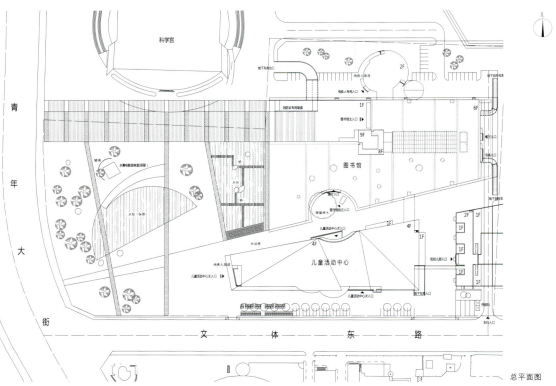

科学宫

青年大街

文　体　东　路

图书馆

儿童活动中心

总平面图

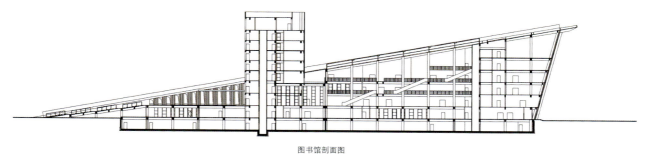

图书馆剖面图

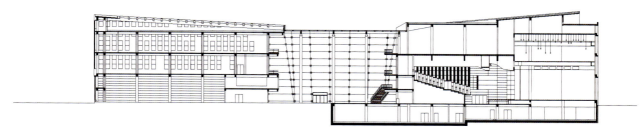

图书馆立面图

儿童活动中心剖面图

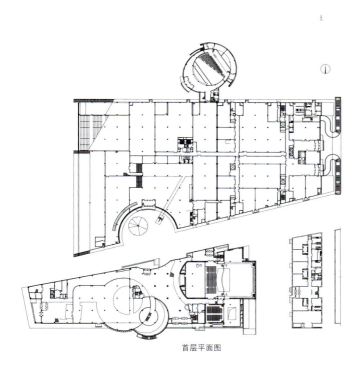

首层平面图

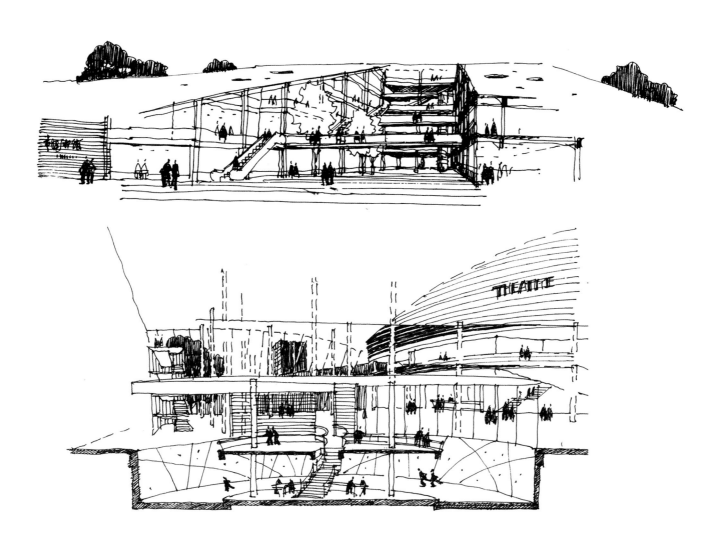

NEW SHENYANG LIBRARY MAKES WAY FOR THE CENTURIES OLD WILLOW

为百年柳拐弯

马哲

原来，这棵老柳树号称沈阳的"柳树之王"，百年来一直生长在五里河地区，静观过奉天城的历史沧桑，直到现在，仍然枝桠婆娑，郁郁葱葱，是当地难得一景。市建委为了保护这棵老树，在工程招标时把保留"柳树王"作为一个重要条件提出。中标后，辽宁省建筑设计研究院的 20 多名工程师在结构安全、平面功能等方面倾注了很多心血。

施工前，施工者专门为柳树测量了胸围，它从地下钻出地面的左右两根主干一棵周长 2.58m，另一棵周长为 1.85m，树高约 28m，郁郁葱葱的树冠直径约 33m，想顺利施工而不伤树根，确实很难。因此，工人们特意在老柳树周围打下了一圈钢管护坡桩，还特意围绕老柳树架起了一圈 1.5m 高的保护网，生怕个别施工人员不小心把老柳树擦破皮。

为了不伤老柳树根须，市图书馆的正门向后退了 20 余米，形成了一个大弧。沿着梯田式绿化带斜坡一侧，有一个专为老柳树而留的半圆形凹口。仔细观察老柳树的枝桠，你会看到有十多处被修剪过，以便与半圆形凹口契合。在老树被修剪的伤口处，被细心均匀地涂满了绿漆。此外，图书馆正门附近的墙体特意被设计成透明的玻璃幕墙。站在图书馆的大厅内，透过明亮的落地窗，可以清晰看到人们在百年老柳树下嬉戏、闲坐。

"无论从环境、生态、城市发展和历史变迁哪个角度看，这棵树都应该得到重视。"杨院长语意深长地说，"沈阳市图书馆邻靠沈阳市儿童活动中心，两座建筑之间设计出一座小广场，中心矗立这棵老柳树。图书馆代表人类过去的古老文化与知识，儿童中心代表人类未来的希望，这棵老树则象征着过去和未来的对话，老树饱经风雨的顽强生命力将二者紧紧相连。"

摘自《沈阳日报》

THE DESIGN CONCEPT REVIEW OF SHENYANG LIBRARY AND CHILDREN ACTIVITY CENTER

沈阳市图书馆、儿童活动中心
设计构思回顾

杨晔

沈阳市图书馆与儿童活动中心（及剧场）建筑群位于沈阳金廊的文体展示中心区，地处沈阳南大门，基地介于沈阳主要标志性建筑物五里河体育场、科学宫、夏宫之间，地处要津。

如今它已经展现在市民们的面前，尽管由于主、客观的原因，完成度还有很多遗憾，但是每次看到它，都会让我去更多地回想它从无到有的过程，可能是结果还有很多遗憾的原因吧，所以也就更看重曾经思考的过程和逻辑，也希望能够通过不断的检讨来置换掉未来的缺失。

规划理念

本建筑群的基地介于一些现存的独生独长，给人一种离群索居的结构印象的大体量建筑之间，主要通道青年大街在基地附近又进行了转折，基地形状并不规则，也不宽裕，建筑群中的两个建筑动、静兼有。

在规划理念上，如何从无规律中找出规律，从紧张的对峙中寻求轻松的姿态，从矛盾中找出统一，从统一中分离出矛盾都是面临的首要课题，而要在众多制约矛盾中求得合理的存在，反客为主，并融入其中，则成为规划设计的重要使命。

在不足 6ha 的基地内规划两栋总建筑面积达到 60 000m² 的动静需求、面积、高度各不相同的建筑，从大的原则上至少可以选择三种策略，其一，可将两栋建筑以突出的建筑学语言和方式加以组织与体现；其二，可将两栋建筑以退隐的建筑学语言和方式加以组织和体现；而第三种则可以采用突出结合退隐的折衷方式加以组织和体现。相比较而言第一种方式有可能在非常复杂的环境中加入更加复杂的因素，第二种方式则可能与公众对两栋重要的公共建筑的期望产生大的分歧，第三种方式则有可能以一种折衷的方式调和与减弱基地周边已有的矛盾，并以阴、阳互补的相互关系求得内在的独立性和外在的自由感，也有可能创造出这组新建筑与已有的科普公园的新型关系。

空间组织

室外空间的组织在于发现地基周边已有建筑的规律，从隐含的状态中整理出新的秩序。本方案以具有方向性的室外空间形式将周边游离状态下的建筑黏合成具有稳定关系的新的整体，阴阳交替。从青年大街方向这组新建筑与科学宫建筑之间留出自由的空间，而与夏宫形成"新"的统一的方式；而从科普公园方向正好形成相反的阴阳交替的互补关系，新建筑自身的两个部分（图书馆、儿童活动中心）的互补与对话则正好借保留的大树得以自然地形成。

室内空间均以符合各自使用特点的中心空间加以展开，图书馆建筑的东西向中庭空间即成为读者日常交通流线及阅览空间采光通风条件的依托，同时也成为公众交往的中心。图书馆的展览空间与儿童活动中心的中庭空间共同环抱着因保留大树而形成的小广场，一个新的室外空间的中心，作为儿童活动中心枢纽空间的室内中庭空间在此得以延伸，两栋建筑也因此得以进行一段由儿童活动中心支配的富有表情的对话，这段对话引导出的不是纪念碑式的而是一种游戏式的轻松表现。

交通组织

步行交通：连接保留大树的小广场与东侧科普公园以及两栋新建筑（图书馆、儿童活动中心）的斜向布置的东西通道是市民可以自由通过并进入建筑内部的步行交通系统，它可以继续与科普公园的步行系统融合成一个整体。正式进入两个建筑物的主要出入口分别布置在基地的西侧和南侧。图书馆的读者主要人流入口设在二层，经室外大台阶到达，与一层的（各类书库的）内部工作人员人流路线避免了交叉，图书馆的展览空间经二层及一层的（围绕保留大树的）小广场均可进入，使它的使用具有了更多的选择性。儿童活动中心的主入口位于基地南侧的广场上，入口中庭也恰是其两个主要功能分区观众厅部分与各类教室、办公部分的连接体，同时这里也可以方便使用者穿过而进入到两座建筑之间保留大树的小广场的转换空间。

车行交通：这组新建筑的车行交通分为地面交通与停车场及地下停车场两个部分。考虑到地下停车场的产权划分及使用、管理的方便合理，分别在图书馆主入口大台阶一侧及儿童活动中心东南侧分别设置各自的地下车库出入口，并在两个地下车库之间设立联系通道，满足消防疏散及使用效率的互相补充。地面沿基地北、东、南侧设车行通道，满足日常车辆及消防车辆的到达，简便有效。

货物交通：图书馆的书库、餐厅设在一层，可由东侧的车行路直接运送书籍等货物，并避开了主要的人流方向；儿童活动中心的两个剧场的舞台部分均朝向东侧，东侧也可直接供车辆进入运输布景道具等货物；地下设备用房的设备进出则利用地下车库的坡道来完成。

光的运用

图书馆的各部分对光有着不同的要求，阅览室既需要充分的阳光，又要避免阳光直射，藏书需要避免强光和阳光的直射，办公（特别是北方地区）则需要温暖的阳光和可调节的光线。

这些不同的要求成为空间组织和功能分区以及立面设计的基础，提供一个有充足阳光的中庭空间成为解决上述要求的一个直接的和有效的手段，既满足了北方建筑的节能要求，又很方便地为大进深图书馆建筑中的阅览室空间创造了良好的光环境条件。各层的阅览空间布置在临东、南、北三个方向的外窗部位以及围绕采光中庭的位置，中间区域则正好布置开架藏书的空间；办公塔楼突出于图书馆主体建筑之上，既避免了干扰又很好地获得了采光日照条件，其西北角布置交通功能，东、南、西向则全部留给办公空间，身处办公室中环顾四周充满阳光和景观的感觉一定非常惬意；展览空间以半圆形的落地玻璃幕墙及错落布置的圆形天窗获得光和景观，室外的光线、景观在不同功能间获得了交流的可能。

儿童活动中心的建筑平面呈梯形，进深从东至西由大变小，这样既呼应了"邻居"——图书馆，同时根据内部功能对光的不同需求也自然形成了不同的对应关系。两个剧场南北并排布置，舞台部分可以互为侧台，不需要自然光的这两个大的功能体自然占据了最东侧的位置；中庭的西侧，大小不等的各类教室则由小到大从西向东排列，大小空间、不同的功能在对光的需求上实现了各得其所，光也在各个不同空间中找到了自己的归宿。

绿化与景观

绿化与景观设计的出发点同样是在规划理念指导下进行的，通过采取屋顶绿化的方式，这组新建筑的出现最大限度地连接了原有科普公园的绿化空间，并创造了在这个组成部分中一度面临失去的协调。

在占有主导地位的图书馆及儿童活动中心低龄儿童活动用房的屋顶绿化这一景观形态要素的支配下，不同标高，不同形状，不同围合感的次一级的绿化与景观形态穿插在整个基地和这组新建筑中。这里有围合保留树木的小广场，这个小广场也是儿童活动中心中"万象生态园"的所在，有东侧背倚图书馆、"开轩面场圃"式的室外休息广场，有从图书馆屋顶绿化延续向西的地面绿化广场，这也成为衬托这组新建筑最好的前景，还有位于覆土式建筑的（儿童活动中心低龄儿童潜能开发部分）二层屋顶的儿童活动场地。

图书馆的斜坡绿化屋顶上的椭圆形采光天窗与延伸至西侧的绿化广场上的椭圆形灯光景观则形成了一幅奇妙的夜晚景观，似水中的气泡，似空中的繁星———而这些绿化与景观的目的则在于更好地衬托具有象征意义的这组新建筑中的两个主要建筑形象——象征着引领城市文明的知识灯塔的图书馆办公塔楼和象征着城市未来希望的似一艘航船的儿童活动中心的主体建筑，并将这组建筑的物质需要与精神需要进行有机地转化与实现。

每一次设计其实都是一次对城市进行解读和寻找答案的过程，题目不同，答案也自然应有区别。解读和寻找的过程常常掺杂着艰苦、矛盾、兴奋和喜悦，还常常伴有遗憾，而责任心、积极的心态和灵活的应对策略都将会成为完美答案的重要起点。

LIAONING NORTHEAST
RESISTANCE MEMORIAL

辽宁东北抗联史实陈列馆

项目名称：辽宁东北抗联史实陈列馆
设计者：杨晔
合作建筑师：郝建军
建设单位：东北抗联史实陈列馆筹建处
建设地点：辽宁 本溪
建筑面积：4 895m²
设计时间：2005 年
完成时间：2008 年

工程建设地点位于辽宁省本溪满族自治县城东南，汤河东岸，背山面水，有滨河城市道路和桥梁与县城市区联系。用地西侧为县城的一座垃圾填埋场，用地东侧为一座弃用多年的八一小学，其用地与基地西侧垃圾填埋场有约 6m 高差，总用地面积 69 000m²，总建筑面积 4 895m²（其中原有保留建筑面积 1 656m²，新建筑面积 3 239m²）。

设计要求保留和利用原有小学校建筑，建设新展馆，形成集完整的展陈、交流、研究、管理功能于一体的一座红色旅游和爱国主义教育示范基地。

主要矛盾是基地处于城市边缘，地形较为复杂，新旧建筑在功能、形态方面面临重新整合利用，周边环境条件面临改造和提升，低造价是对设计和建造提出的最直接挑战。

采取的策略是采取模糊（新旧元素）的方法，通过整合资源（包括场地、原有建筑、山水环境），再造一个新的市民活动场所，对其周边环境起到带动和提升作用，催生和拓展出城市新的生长空间。

采取的战术是采用扭转、过渡、缝合等方法，使这座小建筑形成这样一组空间序列：改造垃圾填埋场而成的市民公园→馆前主广场→连接 6m 高差场地的序厅→门厅→三个主展厅→跨越序厅的连廊→英烈厅→与保留小学建筑围合的院落→报告厅→出口广场（停车场），新旧建筑被缝合在一起，相得益彰，也解决了诸多矛盾。建筑的外观采用了当地的石材和低造价的防腐木材，朴素的防腐木材静静地排列着，与今天的人们擦肩而过，似乎可以让人联想到那些曾经在林海雪原间转战的众多无名和有名英雄们的身影；面向入口广场的西立面的实墙面处理既解决了西晒问题，防腐木与展厅外墙之间也被设计为展厅空调室外机的安装、检修空间。

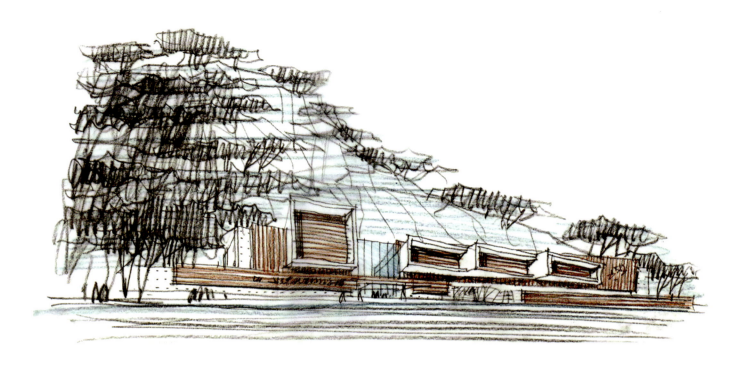

立面图

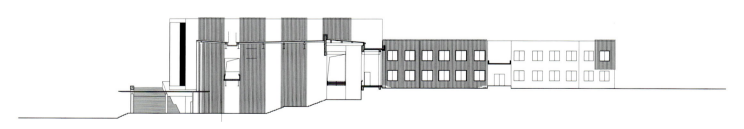

剖面图

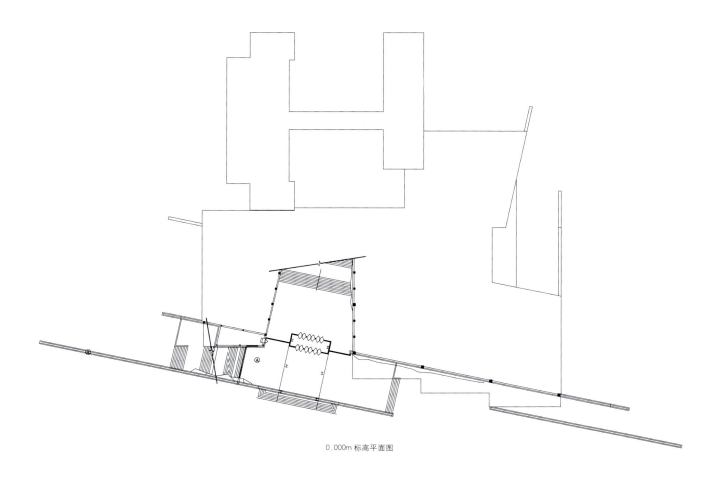

0.000m 标高平面图

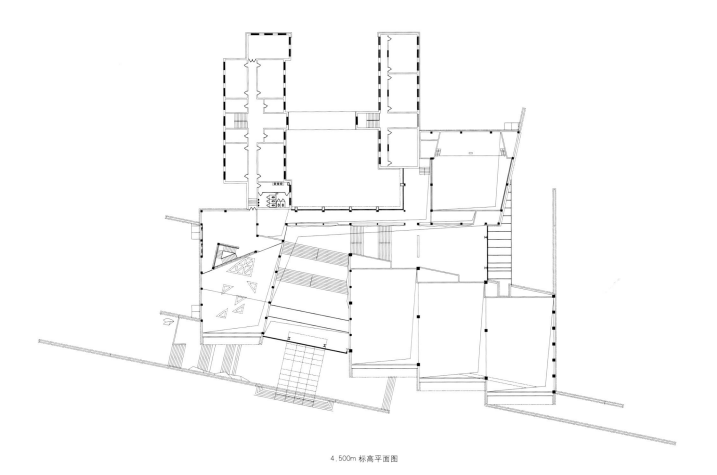

4.500m 标高平面图

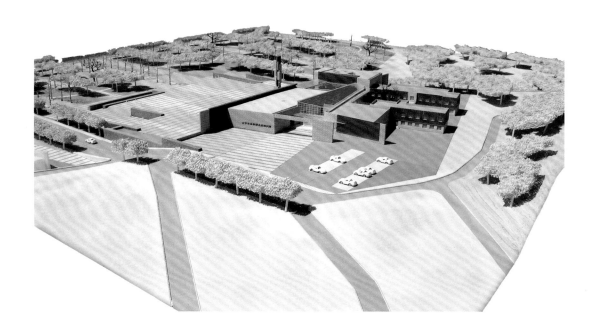

总平面图

LUXUN ACADEMY STADIUM,SHENYANG

鲁迅美术学院（沈阳）体育馆

项目名称：鲁迅美术学院（沈阳）体育馆
设计者：杨晔
合作建筑师：郝建军、刘心泉、孟颂平、李英博
建设单位：鲁迅美术学院（沈阳校区）
建设地点：辽宁 沈阳
建筑面积：4 800m²
设计时间：2006 年
完成时间：2007 年

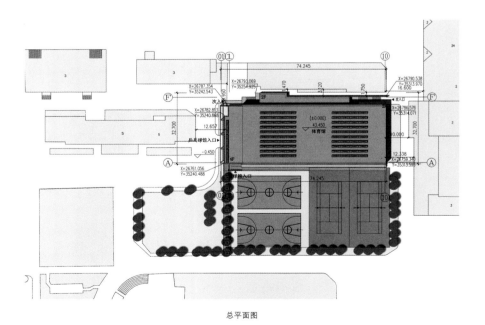

总平面图

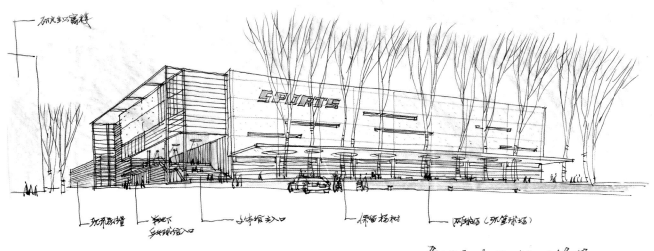

研究生公寓楼

现浇混凝土墙　半地下乒乓球馆入口　主体育馆主入口　保留杨树　网球场（环篮球场）

鲁迅美术馆构思草图

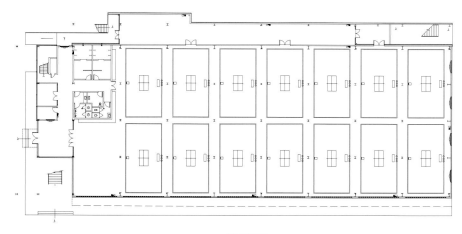

首层平面图

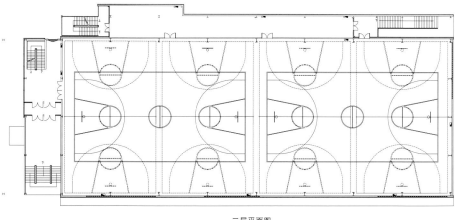

二层平面图

西立面图

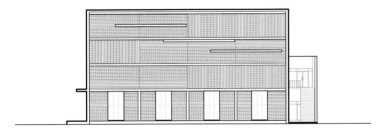

东立面图

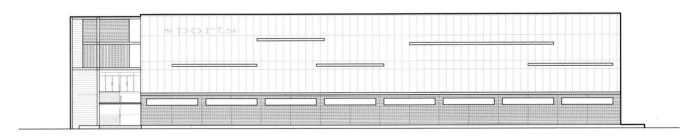

南立面图

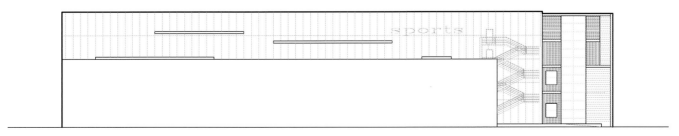

北立面图

CHANGE AND CHANGELESS

变与不变

——鲁迅美术学院体育馆设计手记

杨晔

我们身边城市里的建筑已经是多如牛毛，我们又处在这样一个轰轰烈烈的建筑大潮之中，大干快上、良莠不齐的现状难免会让很多建筑师灰心，因此很多时候让城市中的建筑都能够融入城市、与之和谐，同时适合每个建筑自身的属性都变成一种奢求，有时想想要以一己之力去改变我们所生活的城市面貌是多么的不容易。不过从另外一个角度看，如果每个建筑师都能负责任地对待每个设计，不论规模大小，不论投资多寡，也不论重要与否，都能只要接手它就认真对待它。用城市游击战的策略，各个击破、不断更新、不断修复、不断实现，奢求也可能终有成为现实的那一天，只是时间可能会很漫长，但城市既然不是一天被破坏的，也就不可能一天被修复。

在这样一种矛盾的感受下，我们年复一年地进行着自己的建筑设计实践和思索，尽管情况千变万化，但只要出现机会，还是会亢奋而敏感地投入工作。1994 年秋天我有机会接触到了坐落于沈阳的鲁迅美术学院的我们的第一个设计项目——一座 9 400m² 的教学楼。鲁迅美术学院前身是 1938 年建于延安的鲁迅艺术学院，由毛泽东、周恩来等老一代领导人亲自倡导创建。毛泽东同志为学院书写校名和"紧张、严肃、刻苦、虚心"的校训。1945 年，延安鲁艺迁校至东北。1958 年发展为鲁迅美术学院。

以这个项目为契机在这座占地不过 82 000m² 的校园里，到今年为止已经 16 年的时间里，我和我的团队经历了对这座校园进行持续改造更新的过程，项目覆盖了综合教学楼、校门、锅炉房、变电所、小广场、食堂、学生公寓、教工高层住宅、摄影棚改造、美术馆扩建、综合教学楼扩建、工艺楼扩建、地下实验室、小型体育馆等大大小小近 20 个设计，也因此变得对校园的一草一木、一砖一瓦都很有感情。

在这个过程中，我们对校园的理解也在不断地加深，这些就像在缩微城市一样的校园中所进行的设计实践，使我们对以前在城市中进行设计实践时的灰心和无助多少得到了些恢复和治疗。就像开头说的那样，也可能靠着这种"游击战"打法，打掉一个是一个的心态倒成全了每个项目的设计与实现的过程和结果，同时业主多年来稳定的决策班子也是我们的团队可以得到理解、尊重并且持续实现自己想法的一个得天独厚的有利条件。

一座老校园在形成和生长的过程中自然而然地会出现许多碎片，也出现过各式各样的不适应，功能上的、规模上的、形象上的等等，因此在校园里逐渐通过长年累月的更新、置换，插入用于缝合碎片的一个个新元素，校园的面貌、氛围、整体性以及协调性也就渐渐显现和清晰起来了。每个建筑的功能、规模、重要性、投资、位置、处境、出现的时间等都各不相同，就像一部一直在上演的戏剧一样，虽然没有剧本，舞台也分布在各不相同的各个建筑和场所中，却提供给了校园中的不同角色——师生以及外来的造访者许多的演出机会，每时每刻都上演着不同的剧情——变幻的阴晴雨雪和多彩的校园生活。

这里有对和而不同的思考，这里有对适用经济美观的思考，当然也有必不可少的对艺术与文化的思考。

在 2006 年的夏天接手了体育馆这个小项目，院方除了提出功能和校园建筑通常低预算的一般要求外，还提出了必须在当年入冬采暖前要投入使用的特殊要求。而这时的鲁美校园中可用的空地也已经是屈指可数了，一块是足球场，另一块就是露天篮球场的北侧用地。最后经过斟酌足球场下面被改造成了实验区——也就是学生的画室群，篮球场则被选择作为新建小体育馆的用地，由于体育馆建筑后余下的场地变小而被改成了 3 片网球场。

这座小体育馆的总建筑面积为 4 676m², 主要功能包括 14 片兵乓球场地和两个标准篮球场（8 个篮球练习场）以及更衣淋浴和管理用房。由于这座小体育馆已经处在周围陆续建成建筑的环抱之中，因此开始设计这座建筑设计时变得限制很多，余地很小，用地几乎被框在 75mX33m 的矩形平面内，而且又紧贴着北侧的一层高的锅炉房和变电所建筑，也就是说只有西、北、东三面朝外，建筑最后的设计高度 15.6m，还要在南侧留出 3 片网球场的地方，由于东侧紧邻雕塑系馆，场地有限且位于校园尽端，所以主入口也只能选择在西侧的短边。

对于它形态定位的考虑，我们首先给自己提出了一系列的问题：如果一个矩形的盒子放在校园的中央会是一个什么样的处境和效果？这是一座体育建筑，它的性格又该如何体现？作为一座不在校园几何中心却位置显要的建筑摆出什么姿态更加合适？既然是和而不同，最后我们把它定位成校园中心的一个大号的校园"家具"，在周围暖灰色调建筑的环抱中正好还可以起到"提神"的作用。它是校园建筑众多角色中的特殊角色，经过思考和梳理之后，我们把它理解为——首先，在城市与校园的边界上，喧嚣的城市与城市中的园林——校园的界面上完成了第一次对比，这是不与城市的喧嚣相妥协的一次对比，也是一种特殊的对话；而在由相近色调的建筑所组成的领域性很强的校园"外层"与由开放空间和特殊建筑所组成的校园"内层"的界面上则开始了第二次对比，虽然是采取对比的方式，却是一次轻松友好的交流与对话，甚至可以说是半开玩笑式的对话，而且还在这一界面预留了今后另外几次用对比方式进行的轻松对话的机会和可能性。

对于它具体的功能、形态的组合构成方式，我们没有采取过于艺术化和感性的非线性构成方式，而是采取了更加逻辑性和理性的线性构成方式。理由一是鲁美和许多其它艺术院校的专业分类一样，基本都分为绘画类与设计类两大类，具有非线性思维特点的绘画类在鲁美又占有特殊的比重，因此采取与之对比的方式更能形成对比；其次预算和工期的苛刻要求也只有这种方式才可能形成对比；其三，这也延续了我们在这个校园十几年来各个建筑变化的形态下所不变的思考与工作方法——认真地阅读不同的设计对象和他们不同的环境，有意识地捕捉每个项目中明确的和潜在的使用者和他们的行为，精巧地预留发展和使用者可以继续参与创造的空间可能，以不变之策应变化之对象，以变化之形态应不变之世界观。

在这样的思考下，这座体育馆的平立剖面组合非常规整紧凑，色彩也一反多年来已经形成的暖灰色的校园建筑主色调而采取了无色系的白色作为它的主色调。与庭院地面一致的防腐木材则延伸到由白色折线式断面的外皮（从南向二层以上的挑檐开始，先转折至南侧外墙面，再连续转折延伸至屋面，进而北向的墙面并一直再延伸至地面）包裹的部位，如同从地面伸展出的这个校园里的"功能家具"托起了简洁单纯的白色外衣——折板，这也就成了这位校园中心的新的"对话者"所展现的面孔。简洁的表皮下一些特殊构成元素跃跃欲试般地试图挣脱出来，在平静中传递出动感和活跃的气氛，也与体育馆的性格形成关联。总体上我们希望我们的思考和操作是在少中求多、少中求变。

这座小体育馆在当年入冬前如期竣工并投入使用，简洁的造型、实用的功能以及篮球场的天窗采光、施工迅速的钢结构、建筑装修一体化的处理、庭院地面上的防腐木材延伸至建筑之上等这些实用的做法都很受欢迎，建成后得到了这座艺术院校师生的认同。有趣的是在我去拍照片那天，值班的管理人员还特意问我是不是要来模仿这里的设计，而且告诉我说这可是院长特意叮嘱要加以看管的，我的内心也因为业主的满意而一阵阵窃喜，那一刻我突然意识到，对于热爱生活、热爱建筑、热爱城市的建筑师而言，虽然时时会有很多的困惑、不如意或无能为力的烦恼，可其实若能平静心情、用心"设计"，所获得的满足感也并不总是那么困难。

THE EXPANSION PROGRAM OF LUXUN ACADEMY'S ARTS AND CRAFTS BUILDING

鲁迅美术学院工艺教学楼改扩建

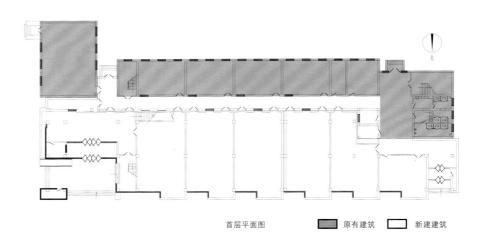

首层平面图　　　■ 原有建筑　　□ 新建筑

项目名称：鲁迅美术学院工艺教学楼改扩建
设计者：杨晔
合作建筑师：杨玉杰
建设单位：鲁迅美术学院
建设地点：辽宁 沈阳
建筑面积：5 482.2m²
设计时间：2002 年
完成时间：2003 年

2002 年的秋天我们接受鲁迅美术学院的委托进行了原工艺楼扩建工程的设计任务。原有工艺楼主体部分为 3 层，单侧走廊建筑，附属建筑 2 层，项目位于校园南侧边缘，西邻 3 层的绘画系，东邻 6 层的方圆大厦（学院的继续教育学院），北侧为操场。任务要求在总建筑面积约 5 500m² 的规模下尽可能多地提供画室空间，并与原有建筑联系方便，与校园的氛围相协调。

综合分析后采取的方法是：在新旧建筑之间提供一条联系水平和垂直方向的联系空间———一个单跑楼梯加水平连廊的嵌入式空间。这个新元素的加入使得旧建筑中的南向画室与新建筑中的北向画室在各个楼层中形成一种富有变化和趣味性的组合关系，联系空间同时也成了师生的交流空间；建筑的主入口选择在扩建部分的东北角，被处理成半室外的过渡空间，在人流的主要流向创造出可以缓冲的多义空间。次入口则选择在扩建部分的西北角，也就是与方圆大厦的连接处，在这里同时也预留了与方圆大厦各楼层的水平连廊。

建筑的外部规则简洁的形体、暖灰色的外墙面砖，都与操场对面的学院办公主楼的对称严谨相协调，并形成校园边界新的定义者。扩建部分北立面的虚实关系也恰是内部功能的反映。由于顶层的画室全部采用北向天光，因此顶层正好形成整层的实墙面造型。

总之，这个规模不大、造价不高的扩建项目在策略和方法的选择上突出体现出恰当、务实，同时又不失趣味和灵活的态度。

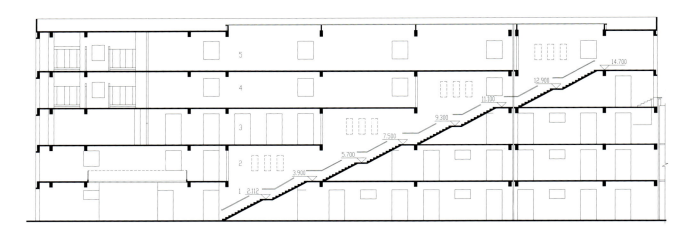

剖面图

TEA FILTHY
茶垢

杨晔

早就听过一个故事，说有位穷老太太去市场摆摊卖一把祖传的宜兴紫砂小茶壶。这把小茶壶起码有200年历史，以后就算不加茶叶，水中也会有茶香，是件好东西。有懂行的人愿意以三两银子的高价购买。岂料老太太觉得茶壶太旧，不好意思要这么多的钱，就用水反复清洗了。等买主回来一看，里面的茶垢全洗干净了，又急又气，告诉老太太这洗净的茶壶就是五钱银子也不值了。

"茶壶"的价值就在于它的悠久的历史积淀而成的"茶垢"，"老太太"的"失误"囿于一种传统的、世俗的思想方法，却未能认识旧茶壶的价值。以为茶壶太旧，就用水反复清洗，好心帮倒忙，这种狭隘的、僵化的价值观在现实中仍在频频上演。

最近听说位于三好街的鲁迅美术学院要搬迁到浑南了，理由听说是政府领导的指示，要让位于已在其周边进行的某房地产项目的二期。乍一听，好容易有人愿意继续投资，这么大的买主一定不能放过。经济危机还未解脱真是求之不得的天赐良机啊，就是这把城市"茶壶"上的茶垢得处理一下，得让"买主"满意。好吧，那就一洗了之、一迁了之吧，这就有了这段开头听到的让人担忧、让人着急的消息，也就可能又有了老太太故事的翻版。

九年前，曾有鲁美欲选新校址的事情，结果一个想利用铁西老工业区的动议被后来的迁往大连金石滩的选址方案所取代。虽然后者也有其原因和各种积极作用，但城市之中的大学、特别是一座艺术院校的综合价值以及和城市的紧密关系却绝非校园面积扩大就可简单体现的。这个大连新校区的选址姑且还算得上得失参半，而对老校区的这次可能的搬迁却绝非上次那么简单！

北京798艺术区的例子众所皆知，一处看似不起眼又濒临末日的旧厂区却因此获得转机，焕发了无穷的活力也平添了无限的价值。这价值包含社会价值、文化价值，当然也包含经济价值。许多国内外著名城市的特色文化艺术街区的形成、兴衰也都有类似的过程和效果。虽然所处经济、社会、文化背景各不相同，但成功者从中受益却有共性，在巴黎、伦敦、纽约、阿姆斯特丹、巴塞罗那、毕尔巴鄂，以及新加坡、香港、上海、杭州中这样的成功先例不胜枚举，到底是眼前的"买家"更重要？还是"买家"的目的更重要？或者说买卖双方（城市与投资者）的共同目的更重要？上海新天地项目，如果仅以容积率衡量，或者以这个项目的地块自身来衡量结论可能正好相反，但是对"茶垢"的妥善保护和利用、拓展，却使直接的"买家"——项目的开发商以及周边地块的开发商以及整个城市共同受益，这里的价值又有多大？而且这里可以持续发展的增值机会又有多大？这是不言自明的。

俗话说："人穷志短。"也有话说："人无远虑，必有近忧"；"过了这个村，没有这个店。"往往现实就是这样，拥有时不在乎，失去了却再也找不回来。

对于一些人，在一些时候，这"茶垢"可能实在是多余的，甚至还有些难为情，想掩饰起来；可是对于同样这些人，换一个时间，或者即使不换时间只是换一些人、换一个角度、换一个衡量结果的时间区间，这"茶垢"可能早已不是多余的了！

但愿这道听途说的消息不要变成现实。

JIANG SHAOWU MUSEUM OF PHOTOGRAPHY AND ART PARK

蒋少武摄影博物馆、艺术园

项目名称：蒋少武摄影博物馆、艺术园
设计者：杨晔
合作建筑师：Gabriela Kolbaska、杨帆、那夏薇
委托人：蒋丰、蒋培
建筑面积：4 540m²，（一期 1 880.5m²）
建设地点：辽宁 沈阳
设计时间：2010 年
建成时间：2012 年

蒋少武摄影博物馆、艺术园项目选址在沈阳市城区的东北方向——沈北新区。南侧为原始松林，北临新城路。地势基本呈台地状，南高北低。用地面积为 5 603m²。规划总建筑面积 4 540m²。其中首期建成的一号馆及二号馆建筑面积 1 880.5m²。

蒋少武摄影博物馆、艺术园区方案，整体定位及构思为一个开放的、有活力的、有纪念价值的展览场所，兼容艺术家集会及创作的功能。项目建成后主要提供三大功能：蒋少武摄影作品的展示，艺术家集会活动的场所和艺术创作的孵化器。

规划布局——突出功能的综合应用价值

1、本工程规划包括一期、二期：一期包括蒋少武摄影博物馆（一号馆），临时展示馆（二号馆），以及摄影工场；二期包括综合馆（三号馆），三个集装箱咖啡厅以及三所艺术家工场。

2、在总平面布局上，根据现状地形标高，将用地分为三个不同标高的台地：展示区——3 座主展馆位于绝对标高为 78.5m 的台地；交流区——三个集装箱咖啡厅位于绝对标高为 80.5m 的台地；创作区——四所艺术家工场位于绝对标高为 82.5m 的台地。展馆建筑位于用地西北端，连接延长的景观墙迎向来客形成明显的入口标识，展示区与创作区围合一个半开放的内庭院，结合集装箱咖啡厅与台地景观构成交流区。用地主入口掩藏在城市绿化带后与新城路相连。

3、空间：三个标高的台地及景观绿化与不同标高的建筑相互穿插、呼应。错落有致，统一中有变化，形成人工化与自然化相结合的形式。

4、交通：用地北侧及西侧利用种植地面布置临时停车场，西侧的种植地面车道在必要时可供货运及消防使用，同时保持了内部景观绿化的完整性。在绝对标高为 80.5m 的台地上临东侧设置 4 个车位的车库。

5、环境：利用现有的不同标高的台地，通过不同层次的环境设计，营造丰富、立体和富有个性的绿化景观。同时基地中保留了全部的现有大树，为此展示区西北角第一栋建筑躲开了大树，扭转了自己。

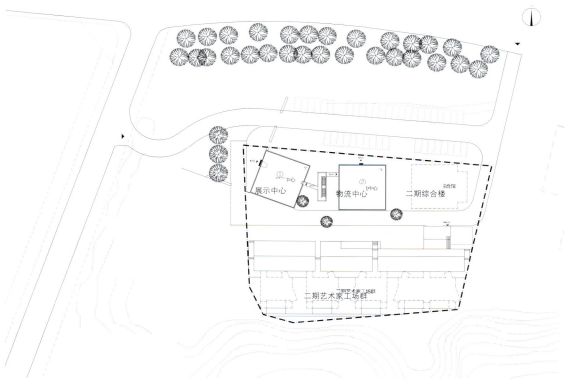

总平面图

建筑特点——先锋艺术风格的新载体

规划建筑单体均利用旧集装箱装配、改造,室内外空间用统一的形体、朴实的材料来营造简洁、现代的艺术气氛,是一种创新的、低碳排放的展示建筑。

其中一号馆及二号馆作为首期建成的展示建筑,采用了相似的形态体量。地上 3 层:其中 1 层为入口门厅、休息及服务部分;2 至 4 层为展览部分。建筑总高度为 14.50m。主体建筑平面为 18m×18m 的正方形。临街立面设计结合艺术性的表达与功能性的表达,主体四周外墙体双层结构,外层外墙采用"网篮叠石幕墙";内层按功能要求为常态保温围护或玻璃幕墙,以上内外两层中为空气间层。

后期将建成的摄影工场及艺术家工场为两层建筑,一层用防腐木条外饰面,二层为白色涂料。

设计感悟——建筑本身就是一件展品

在东北地区，私人博物馆是极为稀有的；在功能上，它满足艺术家展示作品、交流探讨以及挥洒创作的需要；在艺术形式上，它将以一种先锋的姿态出现。

为其所设计的建筑，不仅是展示艺术作品的媒介，其本身也是一件展品。建筑的使命即是帮助老摄影家的历史照片完成它们的历史使命，引发人们对一段特别历史时期的回顾与反思，丰富沈城人民的文化生活，构成沈阳及周边地区的一道艺术风景线。

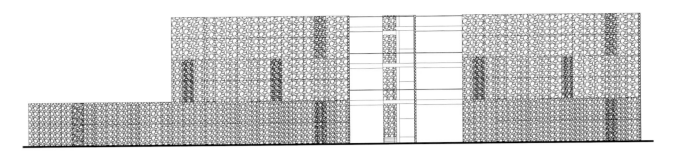

南立面图

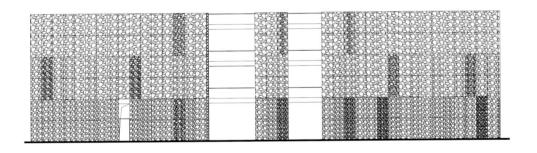

北立面图

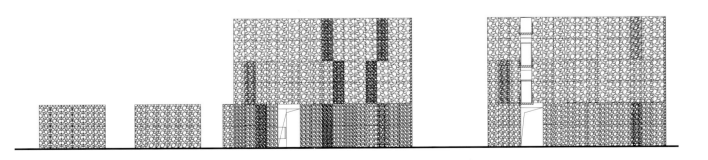

西立面图　　　　　　　　　　　　　　　　　　　　东立面图

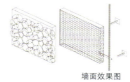

使用石头填充网状墙面

墙面效果图

一层窗户／石墙细节

图解

石头填充墙面区域和高度

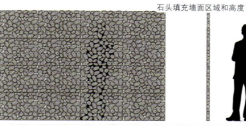

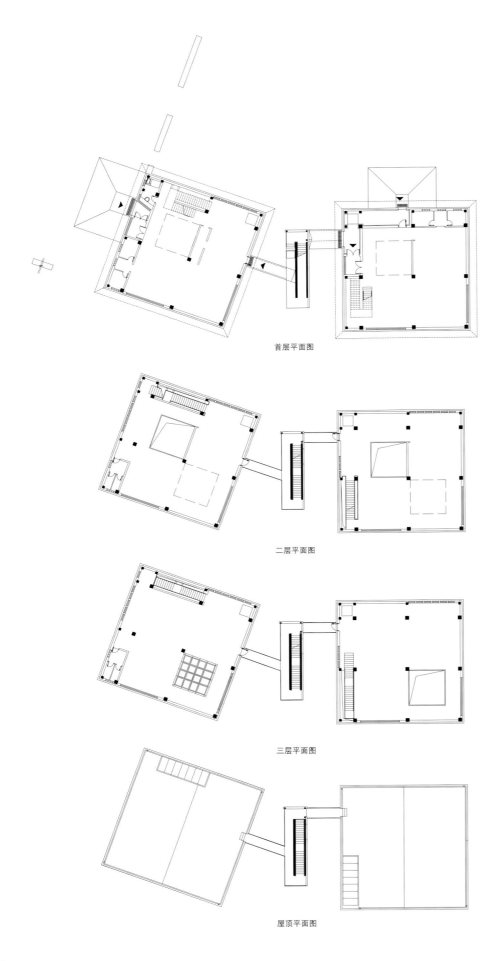

首层平面图

二层平面图

三层平面图

屋顶平面图

LIAONING INTERNATIONAL CONFERENCE CENTER, BUILDING #7

辽宁省国际会议中心部长楼（7# 楼）

项目名称：辽宁省国际会议中心部长楼（7# 楼）
设计者：杨晔
合作建筑师：沈力源
建设单位：辽宁省国际会议中心
建筑面积：3 274.76m²
建设地点：辽宁 沈阳
设计时间：2011 年
完成时间：在建

为配合 2013 年第 12 届全运会的政务接待需要，我们承接了辽宁省国际会议中心项目的设计任务，其中 7# 楼为满足部长及相关政务接待之用，项目选址位于沈阳棋盘山风景区秀湖南侧的丘陵用地，场地为东、北高，西、南低的坡地，场地周边树木茂盛，蒲河景观处于用地西、南两侧，与其他 6 座分散布局的建筑共同组成一个政务接待建筑群落。具体功能包括三部分：1）会议、会见、接待及相关附属用房，2）随员客房区，3）部长客房区。

建筑综合考虑用地的竖向高差、景观、朝向以及建筑的功能要求，沿着等高线由南向北、由低向高，建筑布局采取了与功能区相对应的三个体量构成。三个长短不一的条形体量分别容纳着公共区域的会议、会见和宴会功能，半公共区域的随员客房区和私密区域的部长客房区，并分别为各个功能区提供了不同标高的活动和观赏风景的室外空间，清晰的体量构成与环境形成了有趣的对比，并在风景和建筑间营造出相互对话的多层次媒介。

3 个条形体量的外立面开窗与石材铺装的方向横竖交替，在规则中求得变化；为防止西晒，建筑的西侧设置了内凹的阳台和活动遮阳百叶；建筑的底层部分在与北侧山体相接的部位采用片岩形成自然的过渡。

总之，在地形利用和建筑的体量选择以及功能组合、空间序列、材料选择等方面，逻辑性一直是我们遵循和体现的思考对象和方法。

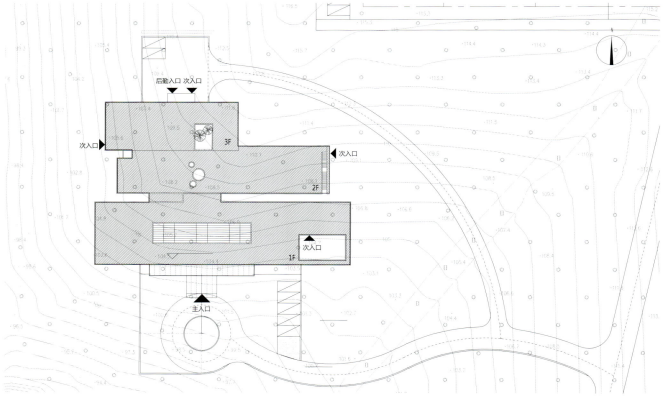

后勤入口 次入口

次入口

3F

次入口

2F

次入口

1F

主入口

总平面图

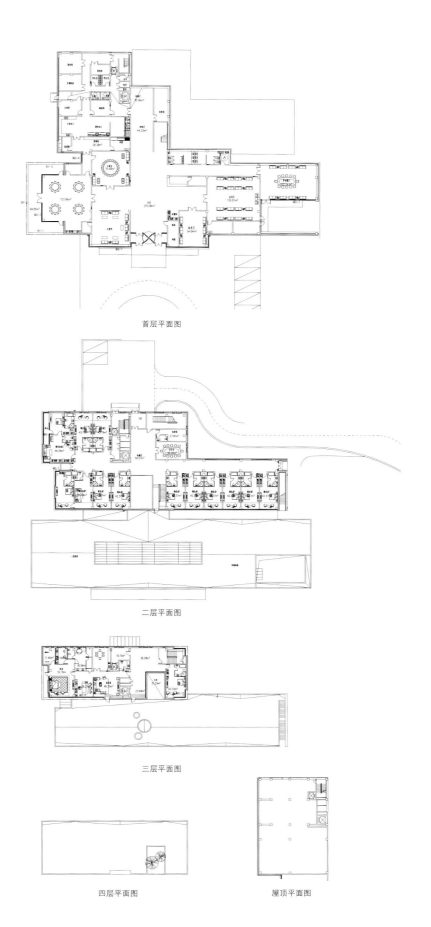

首层平面图

二层平面图

三层平面图

四层平面图　　　　　　　屋顶平面图

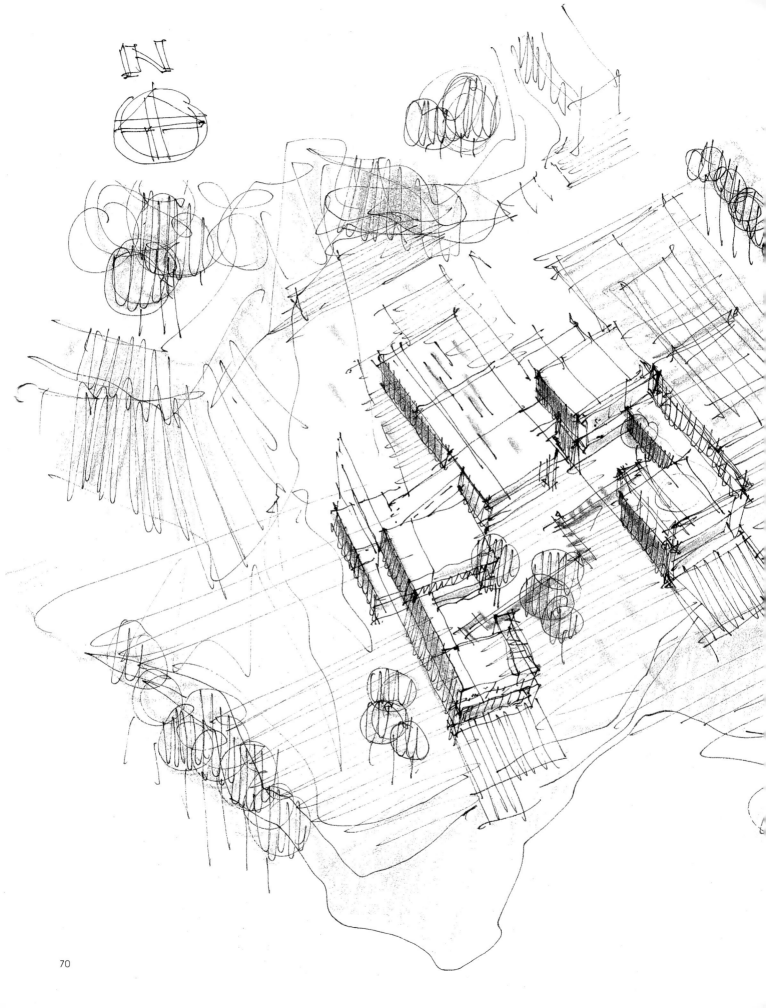

HO HOUSE

何氏住宅

项目名称：何氏住宅
设计者：杨晔
合作建筑师：许冰冰
委托人：何氏兄弟
建筑面积：2 000m²
建设地点：辽宁 沈阳
设计时间：2006 年

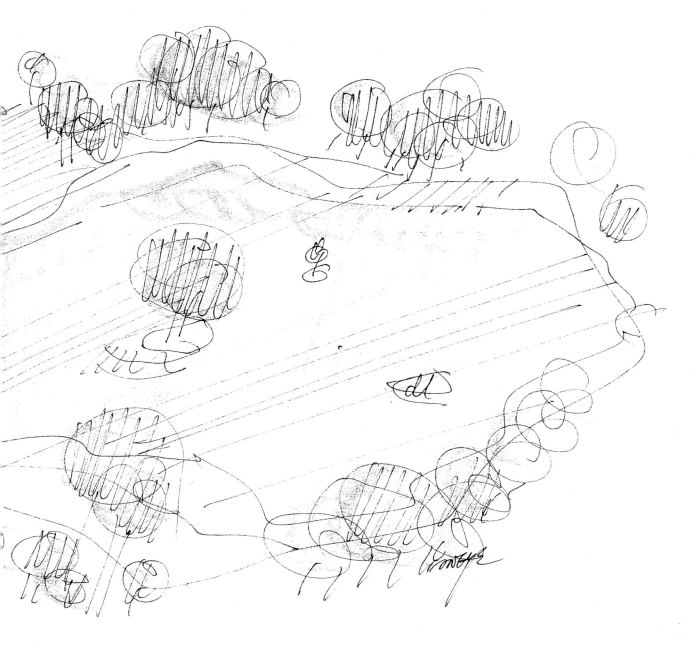

何空设计构思 1   2006.06.11

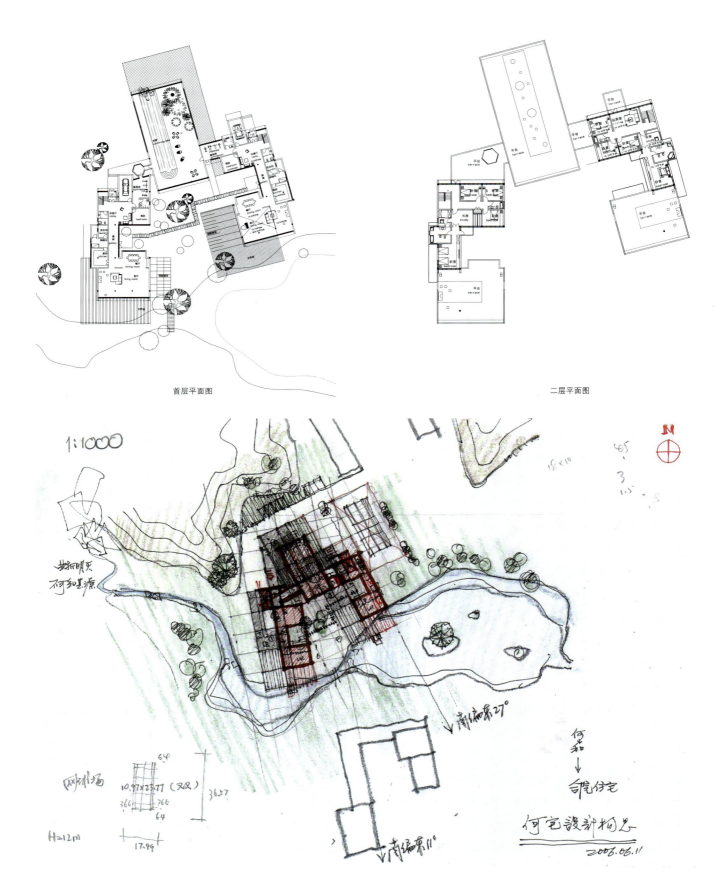

首层平面图

二层平面图

IF PLAN
1:400

沈阳何氏眼科的创始人、两位何姓兄弟都是我的好朋友，也是我的甲方，他们两位都在日本学医并取得博士学位，同时两位又是亲如手足的好兄弟，在平时的接触中能够很明显地感受到这一点。

2006 年在为何氏视光学院做设计的同时，我接受了两兄弟的邀请来为他们设计一栋也可以说是一组自宅，没有特别详细的任务书，只提出总的建筑面积在 2 000m² 左右，选址位于曾经是部队的营房，现在被改造为何氏视光学院的校园内一块北侧靠着小山坡、南面面向水塘的一块用地上，一个很特别也是很重要的要求是希望设计出一栋可分可合的、供他们两个家庭使用的住宅，他们喜欢游泳所以一个室内游泳池也是必须的内容。

接受任务后，由于我已经对用地情况很熟悉，所以很快就有了一个构思，简单概括起来就是三个字：何、和、合。第一个"何"字是两兄弟的姓氏，很好理解；第二个"和"字是两兄弟的状态——和气和睦；第三个"合"字是合院的"合"，我想用合院的形式和氛围最能准确地表达和反映两兄弟和他们的家庭的关系，同时也最适合满足他们在居住上的各种物质、精神和趣味上的要求。于是这个可分可合的"何氏别墅"就逐渐清晰起来。

有了基本的构思，接下来我要做的就是如何在一种规则下完成设计。于是以 900mm 为基本模数的规则被推演到柱网、房间间隔、家居布置、室内外环境等各个层次，从简单的"何，和，合"出发，以模数为规则的设计也就一点点勾勒出了这栋住宅来。有点遗憾的是后来由于一些特殊原因，这个小项目最后没有付诸施工，不过两兄弟的满意、感谢以及我和我的助手在构思、推敲和设计过程中获得的愉快感还是一次不错的经历。

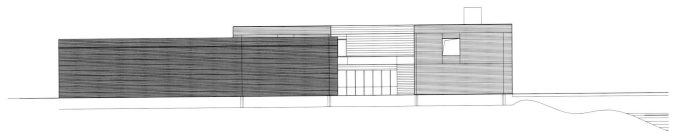

B 栋西立面图

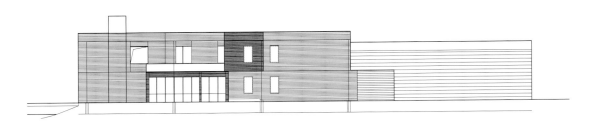

B 栋东立面图

B 栋南立面图

B 栋北立面图

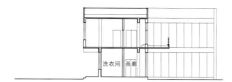

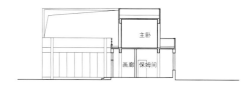

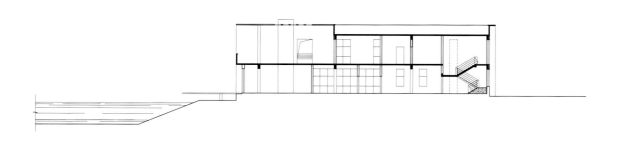

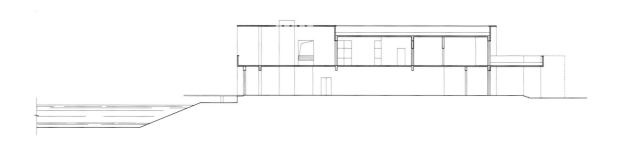

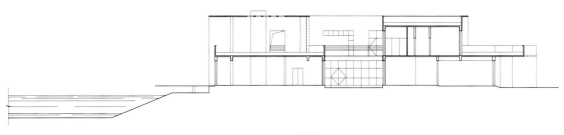

剖面图

THE PATCH

补丁

——城市中的建筑设计实践与思考

杨晔

随着中国城市化进程的加快，新、老城市的城市问题都在越来越突出地呈现出来。城市中各种类型的建筑活动（拆除、改造、新生）也变得异常活跃。巨大的城市化背景下，虽然在整体上本应处于卖方市场状态下的建筑设计的从业者们（不同的受教育背景及不同的从业原因和目的下，正在从事"泛建筑设计"活动的从业者们），但在许多局部上却不得不接受身处买方市场的尴尬境地。狂热的建设规模和速度使中国成为世界上最为壮阔的建筑工地，那个曾经热衷建筑文化建设、致力于话语的公共化的建筑师、理论家群体，消弥在民工式的工作状态中了，中国建筑进入了全新的超城市化语境。[1]

朱培在《Domus》上有篇对话，指出了城市化（Urbanism）与城市性（Urbanity）的问题。城市化是指一个城市的物质化程度，而城市性是指城市文化、城市活力，前者是物质的，后者是精神的。显然城市化不应成为目标，而城市性才是城市化的真正诉求。正如古希腊先哲亚里斯多德所说："人们来到城市是为了生活。人们居住在城市是为了生活得更好。（People come together in cities in order to live; They stay there in order to live well.）"

也许记住一个城市的实体并无意义。对于来到这个或那个城市之前的我们，它只是一个空洞的容器，有意义的是不同人的记忆在这里混合。或许城市本来没有灵魂，是与城市有过接触的人们的记忆装点并支撑了城市。

这里我想起了关于自己小时候的一个记忆，出生在 20 世纪 60 年代后期的我们可能还有小时候穿带补丁衣服的经历。那个特殊时代特定条件下的物资短缺使我对曾经的一件从小学前一直穿到初中的棉衣记忆犹新。那是一件东北话叫做"棉猴"的棕色条绒棉外套，父母为使一件衣服发挥出最大的使用价值，在我刚上小学前买的这件衣服已经被预留出了"可持续发展"的空间，这件外衣在母亲的"设计和改造"下，通过选择相同质地颜色的布料（条绒纹理间距略密），加长功能性的衣袖、下襟，增加纽扣，添加过渡元素（如腰部、袖口的补丁和针脚处理）等办法，使我一直穿了 10 年之久。原来合适的补丁既可以换来许多附加值，还可以留有美好的记忆。

对于在城市环境下从事实践的建筑师而言，清晰的理性思考才能使城市化激流中面对的各色理性与非理性的问题得到更好地解答和应对。

意大利建筑师阿尔多·罗西的"城市建筑学"试图建立一个从上到下的体系。从城市到建筑，自上而下，这是一个严格的逻辑清晰的体系，类型学的层次体系，最终依托城市建筑原型。

罗西毕生探讨的就是建筑与人类集体记忆之间的联系，在他眼里城市是"集体记忆"的所在地[2]。罗西的城市，固然在空间上横向铺展，更重要的是在时间上纵向累积，它不局限于当下的目力所见，还包含整个城市集体的记忆所及；一个城市，它首先是一个四维的记忆之城，其次再是三维的物质之城。按照罗西的理论，在城市历史的自然更迭中，曾经存在过的城市并未彻底消亡，而是通过场所、类型、纪念物等不易察觉的转换方式，将城市的记忆集体延续下去。一个城市，正是由于这样的记忆密码，与过去的时空血脉相连。罗西说，记忆是城市的灵魂。罗西指出城市建筑体的集合特征是理解城市建筑物的关键。

罗西这种自上而下的理论和实践体系，认为城市就是建筑的本体，建筑的一切来源于城市，这也是他所追求的建筑"自主性"的实现手段。他认为建筑师所建造的只是对市民集体意识的反映，而完全没有设计的成分。

另一类体系则是自下而上的。日本建筑师安藤忠雄的建筑一直是对现代主义的批判，他借用了现代主义的形式，并对整个现代主义进行批判改造。安藤运用现代主义的材料、语汇以及在建筑中具社会影响力的教条，向机能主义偏执的思潮进攻。早期他对都市一直是采取一种封闭的态度，实际上是"城市游击战"的拥护者，他主张不必注重社会和城市的立场。对安藤来说，建筑是人与自然之间的中介，是一个脆弱的、理性的庇护所。他重复地再现"住吉的长屋"的风格，在城市中一次次建造了他的另外一个世界。后期安藤开始对都市展开更为积极的提案，对于周遭环境的响应，也开始不同于以往封闭的态度，在既有的城市纹理脉络中采取"嵌入"、"挖空"等多种手法继续他的"城市游击战"。[3]

中国建筑师张永和提出的"建筑城市学"（其基本概念来自英语Urbanism 一词，尽管 Urbanism 尚无确切翻译，它带来的态度与方法还是相对清晰的），也是一种自下而上的观念和实践体系。建筑城市学引发了张永和对于建筑城市学的认识的不断深入，他认为建筑与城市在性质上是连续的和一致的，故不在规模与尺度上作城市与建筑的区分；比较城市设计，它并不以开敞公共空间、城市景观等为重点，而是将私密的室内空间也看作是城市的一部分。比较城市规划，它更强调城市的经验性及物质性。

建筑城市学用建筑学的方法研究城市，因此，城市研究的目的是建立

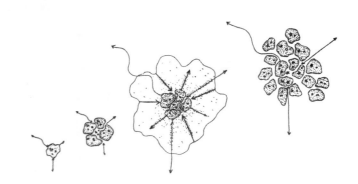

欧洲城市的繁衍。阿尔多·罗西《类似型城市》威尼斯，1976

起设计单体建筑与整体城市的一个共同基础。建筑城市学同时关注建筑与城市、单体与整体，以及它们之间的关系，即城市的建筑性与建筑的城市性。[4]

这类自下而上的观念和实践体系，就像向一个池塘各个角落扔进石头荡起涟漪，而各个涟漪之间相互交织，相互影响，对城市产生最终的效果。

在这个多元价值观共存的时代，对于每天面对的城市中发生的建筑（拆除、改造、新生）活动，我们既应该有自上而下的思考意识，更可以有更多的城市游击战的策略和战术，但前提是我们这些建筑设计的从业者们或者说建筑师、理论家群体必须拥有应有的社会责任感，特别是在中国的城市化进程如此快速的形势下，它的紧迫性也就更加凸显了。

纵观近代中国城市的发展过程，可以发现其异于西方城市而呈现出明显的不连续性和阶段性。封建社会末期，城市的发展与社会、政治、经济发展已逐渐产生矛盾。鸦片战争后的中国近代化过程由于西方经济、文化的强制性介入，打断了中国社会发展的连续性，从而加速了中国城市的异质化。之后，社会发展的阶段性导致了城市建设的阶段性高涨和阶段性停滞。[5]东北地区许多城市的发展过程也同样带有明显的不连续性和异质化特征。

城市的异质化和碎片的不断产生给建筑师提出了各式各样的新课题，是彻底抛弃还是因势利导？是继续加剧不连续性、产生更多的城市碎片，还是通过不断添加合适的补丁缝合处于割裂状态的城市碎片，求得融合和连续性的城市空间和城市记忆？

网上搜索一下"补丁"，会一下子有千万余条结果之多，"补丁"这个词原意是指补在破损的衣服或物件上面的片块（Patch）。亦作"补"、"补钉"。

常常上网下载软件的人大都知道，每天都有千千万万的补丁出现。有了软件，为什么还有那么多的补丁？显然是因为软件存在着漏洞，存在着问题和缺陷（Bug），"机体"存在着非法关闭的毛病，存在着丢失数据的可能，存在着容易遭受攻击的问题等。就像衣服出现漏洞或者需要增加功用就要打补丁一样，软件也需要。软件是人写的，人编写程序不可能是十全十美的。因为原来发布的软件存在缺陷，发现之后另外编制一个小程序使其完善，这种小程序就俗称补丁；同样由人来设计的城市和建筑也由于主观、客观原因会存在漏洞和缺陷。而现实的

情形是一拆了之者越来越多，而愿意打补丁者少之又少，物资短缺时代的打补丁更多的也可能是不得已而为之，而现实的情形原因又是如何，值得我们思考。

对于城市异质化和碎片的缝合策略以及具体战术应该也可以是因地制宜、因时而异、因事而异的，有些方法可能是更严肃和主流化的，有些方法也可能是更轻松和个性化的。这些需求和方法可以来自建筑的拥有者或使用者，也可以来自于它们的设计者。关键是不管是拥有者、使用者还是设计者都应该负有应有的社会责任感，而且千万不要被带着各种目的的舆论鼓吹和炒作混淆了其本来面目和发展演化的规律，而走入娱乐圈的误区。与此同时，来自建筑活动的决策者和设计者多方面的平静心态和长远目光才有可能促成城市空间和城市记忆的可持续发展，但愿这些与建筑有关的轰轰烈烈的活动不要变得太急功近利。

三个设计，三块补丁，三次尝试。

补丁 1（挖空）：中国人民银行沈阳分行（辽宁 沈阳）

现状条件：工程建设地点位于沈阳市北站路、北京街、团结路三路交汇处的北站地区沈阳金融商贸区，用地面积 4 785m²（用地红线范围东西长 55m，南北宽 87m），总建筑面积 53 493m²（地上建筑面积：42 535m²），容积率 9.0，总建筑高度 99.95m。

这一区域是城市原有多个生长源的交汇之地（它的极端例子就是那些许多城市中的城中村和三不管地区），许多城市的火车站地区均有相似的生长过程，功能性的铁路强行介入，原有的城市道路、建筑、空间肌理被割裂，依托新的生长源催生新的城市肌理，但是在具有不确定性的初始阶段各个地块近似于自发的生长明显造成了相互间的陌生和矛盾，各个新老角色间缺少适当的交流语言和对话环境。

设计要求：作为央行的地区分行，其主要功能包括银行办事大厅及办公、会议、后勤等，同时严格规范的安全性、内外有别的业务、空间及流线要求也非常明确。

主要矛盾：基地空间有限，周围建筑形态各异，自身流线多样、复杂，大小不等的功能空间相差悬殊，周围环境较为嘈杂。

策略：运用以我为主、兼容并蓄的办法解决问题，将内外、大小矛盾进行分解、分类，主动地介入矛盾解决问题，温和地与周边环境和建筑进行对话。

中国人民银行沈阳分行基地现状图底关系　　中国人民银行沈阳分行首层平面

中国人民银行

战术：采用挖空的减法处理办法。L形主体建筑平面倚靠在西、北两侧，阻隔北风及噪音。首层满铺供对外业务功能，二层经大台阶及室外自动扶梯进入两层通高的门厅枢纽空间，再分流自其它部分，会议、餐厅等大空间布置在四至五层主体建筑之外的范围，顶层布置开敞空间供内部员工健身休闲等功能的使用，东南角的垂直筒体作为独立的垂直交通及立体停车功能。

补丁2（嵌入）：格林创意大厦（辽宁 沈阳）

现状条件：工程建设地点邻近于沈阳市北站金融贸易开发区，惠工广场东侧，建设基地北邻团结路，西邻友好街，小北关街与东西快速干道也邻近于此，周围被20世纪80—90年代多层建筑为主的居住区环绕。用地面积6 500m²（用地红线范围东西长91m，南北宽85m），总建筑面积66 495m²（地上建筑面积：55 560m²），容积率8.5，总建筑高度142m。地下3层，地上主楼35层、裙房2层。

设计要求：这是沈阳一家有影响的民营房地产开发公司的写字楼开发项目，开发商定位非常明确，集中在创新性、经济性、可行性。创新性不仅在于建筑外观，一直延伸至内外整体。经济性涉及平面使用功能以及垂直交通等的使用效率、结构选型、用钢量等一系列定性、定量指标。可行性则包含材料设备的选择、建筑的完成度控制以及优化总平面布局解决对周边现有居住等建筑的不利影响等实际问题。

主要矛盾：由于用地周边现有居住建筑建成时间较久，现状的日照间距及时间均不同程度满足不了现行规范要求。对新建超高层建筑的限制条件之苛刻显而易见，日照遮挡问题敏感、突出；另一个突出矛盾是如何处理好与仍处于城市更新改造环境下的周围居住建筑的形态上的关系。

策略：运用对比的策略解决矛盾，通过推导的办法形成建筑的最终形态和构成。阿尔多·罗西曾说"我认为工程师和艺术家应该为城市的发展提供一些选择，并确保这些选择能够被讨论、被理解，不论最终被生活在城市中的人们接受还是被拒绝。"[6]

战术：采取在目前无特点和相对均质的周围城市肌理中嵌入新元素的办法。由于周围城市肌理的不确定性（因为它们同样面临着未来被城市更新改造重新定义的极大可能性），一个旧的"棉布"衣服上的新补丁——"化纤合成布料"的新补丁可能是一个成立的尝试。不过这一过程是一个推导的过程，从最突出的日照矛盾入手，先推导出平面形状的最大化可能，以满足容积率和基本经济的标准层建筑面积，然后

采取分离一部分垂直交通的做法，为今后的写字楼出租模式留出更多可能性和弹性；考虑未来周边定义的不确定性以及鹤立鸡群的体量对更远范围的至少在视觉上的影响，因势利导，形成了曲线平面的最终选择，以柔应刚；在形体确定的基础上，根据内部功能（房间）需要开设窗洞，建立内外部空间的对话和交流，如同通过人的眼睛所进行的信息交流。

补丁3（模糊）：辽宁东北抗联史实陈列馆（辽宁 本溪县）

现状条件：东北抗日联军是在中国共产党领导下的一支英雄部队。它的前身是东北抗日义勇军余部、东北反日游击队和东北人民革命军。东北抗日联军仅以近4万人的军队牵制了近40万的日伪正规军，有利地支援了全国的抗日斗争，在中国革命史上有着不可磨灭的伟大功绩。他们可歌可泣、英勇无畏的牺牲精神，是中华民族争取独立宁死不屈精神的集中体现，是20世纪三四十年代中国人民抵抗日本帝国主义侵略的伟大民族解放战争的重要组成部分，在中国的革命史上有不可磨灭的伟大功绩。

根据省、市、县政府对辽宁省红色旅游发展规划的要求，在抗联曾经转战6年之久的本溪县，辽宁东北抗联史实陈列馆2005年7月开工建设，2005年12月，被中宣部正式命名为全国爱国主义教育示范基地，2007年5月正式开馆。

工程建设地点位于辽宁省本溪满族自治县城东南，汤河东岸，背山面水，有滨河城市道路和桥梁与县城市区联系，用地西侧为县城的一座垃圾填埋场，用地东侧为弃用多年的一座八一小学。其用地与基地西侧垃圾填埋场有约6m高差，总用地面积69 000m²（用地红线范围东西长362m，南北宽273m），总建筑面积4 895m²（其中原有保留建筑面积1 656m²，新建建筑面积3 239m²）。

由于解放军某部驻军撤离驻地，用地内的这所八一小学已弃用多年，原有建筑为"H"形二层建筑，为适应红色旅游及县城建设需要，综合考虑资金、征地等多方面因素，县政府和市、省有关部门同意了此处选址意见。虽然选址位于县城边缘，又有现有的垃圾填埋场等不利因素，但特殊的场地环境及现状保留建筑的条件也为这个小型建筑留下了许多可能性，也为城市未来发展的棋盘上飞上一颗新的棋子，留有空间，留有思考。

设计要求：保留和利用原有小学校建筑，建设新展馆，形成完整的展陈、交流、研究、管理功能于一体的一座红色旅游和爱国主义教育示范基地。

格林创意大厦总平面图底关系

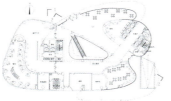

格林创意大厦首层平面

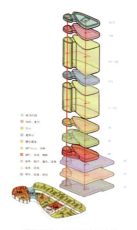

格林创意大厦内部功能分析

创意大厦

主要矛盾：处于城市边缘，地形较为复杂，新旧建筑在功能、形态方面面临重新整合利用，周边环境条件面临改造和提升，低造价是对设计和建造提出的最直接要求。

策略：采取模糊（新旧元素）的方法，通过整合资源（包括场地、原有建筑、山水环境），再造一个新的市民活动场所，并使其周边环境获得带动和提升作用，催生和拓展出城市新的生长空间。

战术：这种模糊打法没有预设的样本，一切因各种既有的因素而生长，背山面水的环境关系、用地朝向、大小、城市人流方向、地势高差、现有建筑的结构形式和平面布局关系、城市道路的走向、地方材料的综合意象、抗联的历史等诸多因素如同一系列信号开始刺激大脑进行筛选、综合和组合。

一座新型的东北抗联史实陈列馆因当年抗联曾在本溪县一带战斗过而被选择落户这里。抗联战士转战在林海雪原的场景如同电影闪现在脑海中，那里有许多无名的抗联英雄，历史也应同样记住他们，在他们支撑的的抗联历史中，杨靖宇、赵尚志、赵一曼等英雄更是影响深远。

采用扭转、过渡、缝合等方法，这座小建筑形成这样一组空间序列：改造垃圾填埋场而成的市民公园→馆前主广场→连接6m高差场地的序厅→门厅→三个主展厅→跨越序厅的连廊→英烈厅→与保留小学建筑围合的院落→报告厅→出口广场（停车场），新旧建筑被缝合在一起，相得益彰，也解决了诸多矛盾。建筑的外观采用了当地的石材和低造价的防腐木材，朴素的防腐木材静静地排列着，与今天的人们擦肩而过，似乎可以让人联想到那些曾经在林海雪原间转战的众多无名和有名的英雄们的身影；面向入口广场的西立面的实墙面处理既解决了防西晒问题，防腐木与展厅外墙之间也被设计为展厅空调室外机的安装、检修空间。

1、4：史建．超城市化语境中的"非常"十年——张永和及其非常建筑工作室十年综述．建筑师，2004（4）．
2：阿尔多·罗西的作品与思想．中国电力出版社，2005．
3：百度百科 http://baike.baidu.com/view/482627.html?fromTaglist．安藤忠雄．
5：吴其煊、陈屹峰．碎片·缝合——董家渡教堂地区城市设计研究．时代建筑，1987(3)．
6：阿尔多·罗西．类似型城市．威尼斯，1976．

辽宁东北抗联史实陈列馆基地现状

辽宁东北抗联史实陈列馆

UNDERSTANDING THE ANGLE OF TREATING ARCHITECTURE AND INNOVATION

对于对待建筑的角度
和对待创新的理解

杨晔

30 年改革开放进程，30 年来巨大变化带来的结果，我们有幸亲眼见证。短短几十年，经历了多少极端？我们看到价值观的变化和体现。人们的观念变化，从集体到个体，一个集体主义社会，开始注重个体的价值，通过整个社会的运作，使个体越来越成为社会的基本粒子，好的个人造就好的社会。

时代的改变不是预先通知的，时代是最有力量的，我们是应该顺应的，而不是抱着一个排斥、抱怨的态度。时代就是这么转换的，应该把这种转换看成常态。艺术也好、建筑也罢，都应该在新的时代找到新的存生方式，这很难，但不是不可能。

由此想到如何评价和创造建筑，那就一定不能仅仅局限于建筑师的角度，如果能够同时从城市的角度、社会的管理者——政府官员的角度以及市场的角度再多去思考一下，对待建筑的态度以及创作的过程都会发生一些变化。

时代一直处于转换的过程之中，只是有时剧烈，有时缓慢，不管你是否接受和欢迎，个体与整体的关系永远是密不可分的。没有理性经济人自私自利的追逐，没有个人的奋斗，社会的财富也难期最大化，一个造就好社会的想法也会化为泡影。每个个体的建筑师同样肩负着这样的职责，多些角度看建筑，多些坚持和追求，汇流成溪，大的转变也就变得不再渺茫。

关于创新的理解，我想标新不一定只有通过立异才能实现，对原有标准、定式的重新解释和再造过程本身也是一次创新。同时创新的心态非常关键，若抱着立异的信誓旦旦，结果恐怕也很难达到真正的创新目的。少一点功利，多一些真实在今天显得尤为珍贵。

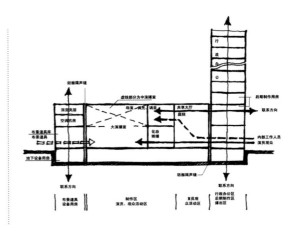

图 1

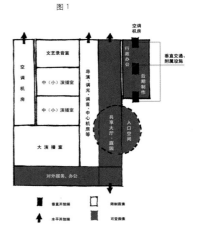

图 2

TELEVISION PROGRAM MAKING FACTORY

电视节目的制作工厂

——辽宁电视台彩电中心

随着整个社会物质、精神文明水平的提高，在中国内地，作为大众传媒的广播电视事业发展速度惊人，电视节目已经成为人们的日常生活必不可少的需要。为适应这种发展形势，全国省、市级电视台的建设也发展迅速，以期改善与目前电视节目需要不相适应的落后生产条件。电视节目是一种产品，因此它的生产部门就如同工厂生产其他产品一样有很专业的工艺要求，因此电视台也被人们形象地称为电视节目的"制作工厂"。

正因为电视台的独特生产工艺要求，如何在限制中发挥建筑师的创造力，使电视台本身的工艺技术方面的功能要求与环境、空间、审美、行为等方面的精神需要有机地结合，是电视台建筑设计的一个难点和成功的关键。近几年，我所在的设计院先后完成了辽宁电视台彩电中心和葫芦岛广播电视局电视大楼的工程设计，通过设计也摸索到一些规律性的东西，下面以辽宁电视台彩电中心工程设计工作为例进行技术报告。

电视台建筑的各部分组成，从工艺上基本可分为制作区、后期制作区、播出区、布景道具区、演员及观众活动区以及与上述部分配套的风、水、电设备用房以及维修区，还有行政办公服务区等。制作区主要包括大、中型的演播厅（室）（用于综艺节目及电视剧制作等）及其导演、调光、调音室、中心机房和其他配套用房；播出区主要包括播出中心机房及总控制室、新闻直播室以及微波机房等；后期制作区主要包括各类配音室、各类编辑室、音乐合成室、特技制作室（效果室）、小型专题演播室等；布景道具区主要包括布景道具库、美工室、布景道具制作车间等；演员及观众活动区主要包括演员化妆室、排练室、候播室、服装周转以及观众休息厅等；配套的风、水、电设备用房则是整个建筑的"发动机"，维持整个建筑各种功能的正常运行；维修区则是电视台这部大"机器"的零件修理厂；行政办公服务区则基本可分为对内办公和对外办公服务两大类，对外办公服务主要为广告及对外音像器材维修服务、音像器材销售等用房。根据需求，大型电视台还设置有大型的地下停车场等部分。这其中除后两部分位置和要求自由一些外，其余各部分自身及相互间的联系都有严格的工艺要求，但从中基本可概括为水平联系与垂直联系两大类。

在各功能中占很大比重的制作区自身有水平方向的联系要求，特别是导演、调光、调音、中心机房之间。布景道具区与演员观众活动区则以演播室为核心从两个方面在水平方面相互联系，又要避免交叉，播出区和后期制作区以及行政办公区可以在垂直方向联系叠加，了解了这一基本组合规律，并通过对各类演播室层高以及管线布置和工艺流线等要求的了解，通常可采取将大、中演播室的控制部分与演播室在垂直方向错层布置的方式进行功能安排，因此可在建筑的入口层部分组织演员观众活动区和布景道具部分，从而实现内外分别，人流、物流分开的目的（见图1）。

在垂直方向为满足防振、防磁、隔声等技术要求，通常将布景道具库向下与制冷机房、泵房，向上与空调机房等振动较大的设备用房相叠加，既方便了设备用房间的技术设备联系，又使最不利因素得以统一处理，而在演员观众活动空间的地下部分则可布置变电所、发电机房等产生电磁的用房，以达到远离技术用房、减少干扰的目的。

在这些主要部分确定之后，它们之间的连接部分则成为可以发挥建筑师创造力和丰富室内外空间的入手之处。首先为演员观众服务的休息空间、行政办公的入口空间及其使用空间、对外行政办公服务等用房以及上下贯通的附属设备用房和交通部分正是游离于工艺技术部分之外的活跃因素，它们的合理搭配及组合既起到合理联系内部各工艺技术部分的功能作用，又起到改善生产环境，丰富空间效果的积极的精神作用，这与工业建筑中提倡的重视工人行为心理研究，提高工作环境质量（包括空间、色彩、光线等方面）的做法有同样的目的与效果（见图2），也是形成不同电视台性格特点的着力之处。

有了以上的互为依托的体系，建筑本身可持续发展的要求也为建筑设计提供了要求与机会，在水平和垂直方向预留开放端（Open End）将是解决这一问题的最好措施，这也为电视台建筑的形象、性格的创造提供了很好的条件。美国建筑师西萨佩里的流线系统（Circulation System）理论与日本建筑师丹下健三的新陈代谢理论，都可以在此作为借鉴，这也是建筑设计发展应予关注的新动向，特别是随着新技术越来越多地被采用，作为高技术代表的电视台建筑也更有条件成为可持续发展的符合生态的智能楼宇。

与此同时，随着文化产业的不断发展，大众对文化建筑也包括对电视台建筑的参与要求越来越高，以上设计方法也都为更好地组合进这些需求创造了很好的条件。现在电视台中的供游人等使用的参观走廊的引入，特殊演播室（电视剧场）的开放，以及更多种类的参与项目被引入到像电视台建筑这样的文化建筑中的这些现象已经告诉人们这种互动需求已经开始，随着我们对电视台建筑设计的不断探讨，也将使电视台建筑呈现出更加丰富多彩的面貌，成为城市中一个吸引市民的场所，使之成为我们身边的一道亮丽的风景。

←
1993年 华阳国际大厦
1994年 辽宁广播电视台
1995年 中辽国际大厦
→
1996年 沈阳喜来登大酒店
2000年 辽沈战役纪念馆
2002年 沈阳财富中心
2002年 鲁迅美术学院教学楼

←
2005年 沈阳新世界百货
2005年 东北抗联史实陈列馆
2005年 沈阳人防指挥中心
→
2005年 沈阳市检察院
2005年 沈阳城市规划展示馆
2005年 大连晟华国际大厦
2005年 营口中心医院

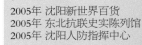

←
2008年 辽宁省残疾人中等职业学校
2008年 鲁迅美术学院体育馆
→
2009年 裕景厦门中心
2009年 辽宁省柏叶体育训练中心
2010年 蒋少武摄影博物馆
2011年 第十二届全运会接待中心
2011年 辽宁省文化场馆
　　　　档案馆图书馆

←
2002年 鲁迅美术学院工艺楼
2003年 医科大第二临床学院综合楼
2004年 沈阳医学院亚太护理中心
2004年 鲁迅美术学院大连校区
2004年 沈阳图书馆、儿童活动中心
→
2005年 宁波才源中心
2005年 沈阳新世纪大厦

←
2006年 沈阳规划与国土资源局立面
2006年 抚顺平顶山惨案纪念馆
2006年 东北电力调度交易中心
2006年 何氏住宅
2008年 格林豪森创意大厦
→
2008年 辽宁城市建设学校新校区
2008年 辽宁省孤儿学校

CUI YAN

崔岩

1968 年出生
毕业于大连理工大学建筑工程系建筑学专业
2008 获第七届中国青年建筑师奖
现任大连市建筑设计研究院有院公司总建筑师、UDS 建筑师工作室主持建筑师

辽宁省土木建筑协会建筑师分会常务理事
中国建筑学会建筑师分会建筑理论与创作学组委员

主要作品
大连经济技术开发区第十高级中学
大连北方金融中心
大连邢良坤陶艺馆
大连国际会议中心

THE WALKE
行者

文／崔岩

我儿时眼中 20 世纪 70 年代的时间是凝固的，城市是永恒的。学生时代的 20 世纪 80 年代，随着经济发展各行各业对功能的强烈需求，导致实用性的火柴盒式建筑成片的、以计划时代的模式插建在城市中，虽然破坏了城市街区的尺度和美观，但并未改变街区的存在和规划的秩序感。20 世纪 90 年代中后期中国沿海城市开发区和高新园区的设立拉开了造城的帷幕，彰显城市发展实力的标志性公共建筑以其超大的尺度和体量，伴随着经济利益的驱动，扎堆似的落户于城市中心区，城市规划的理性延续开始松动。时间进入二十一世纪，我已算是一名职业建筑师的一员，遗憾于青少年时期没能以建筑师职业的眼界去欣赏旧城的规划和街区尺度的美，甚至遐想有时光隧道真实存在用来实现愿望的可能。21 世纪的十年以经济为中心高速发展，GDP 指标的权重导致地产行业的迅猛发展，短期见成效的房地产行业成为推动 GDP 增长的核心动力并被各界看好。由各行业精英直至普通百姓共同参与的新造城运动彻底动摇城市规划、旧城区风貌、历史文化传承等保证城市健康发展的要素。在经济利益的驱动下"世上无难事，世事皆可运作"的现实观屡见成效，甚至成为处世哲学，其结果最终导致地域文化的断层和缺失。与房地产业息息相关的建筑设计行业的开放与融合，丰富了国内建筑师的理念和技术，但丰富易得的任务量和对效益的过度追求，使复制和舶来设计成为市场的主流，让设计企业迷失设计的真本——创新和继承。因此创新和继承在当下的大环境现实中，更代表了一种态度、一份坚持和对社会的责任。21 年不间断的建筑设计实践，彷徨和迷茫也不间断。我曾羡慕日本建筑师建筑作品的空间中总蕴含着东方的哲学和文化智慧，被西方建筑界认可和欣赏。日本的建筑设计发展产生了日本本土的建筑理论和建筑理论学家，而中国的建筑设计尚缺失理论，学习、模仿西方各流派和在实践中体验建筑是当代建筑师的生存现实。我畅想着大唐西域记中去西天取经的行者们，取得真经的是幸运的个体，绝大多数行者是取真经的终极追求者，但完成行万里路的实践让信念和坚持始终如一，而正是信念和坚持是取真经的充分必要条件。

作为游历时间的行者——成长于大连的我从儿时的记忆开始，30 年间亲历城市文化的变迁和发展；城市规划的沿革和重构；城市环境、气候、地理的变化以及变化中产生情感的纠结，这种特殊的地域性的情感塑造了地域建筑师的优势——建筑设计中融入的本土感情。近几年再度巡视大连——在全国城市化发展的强大环境氛围下，有幸还未完全丢失城市、街区、山峦的尺度感。街区和楼房渗透在一座座丘陵洼地中，散落在城市中的丘陵很多，但都不高，绿葱葱的很有节奏感和韵律感，街区里少有庞大、高大的建筑。行走在街区里。由于不缺失老建筑的坐标定位，不经意中就走到了边缘，比较容易把握和掌握——是一种可触摸和感知的城市空间尺度。这有赖于城市发展初期阶段规划科学性奠定的基础。还有一种情感是来自心理上的，有赖于大连得天独厚的自然环境和自然气候。一年四季分明，城市面向大海，还有清新的空气，呼吸之间会感到生命悠闲存在的喜悦，城市生活不是特别的紧张，节奏不是特别的快——是一种心灵上的可控感。

作为建筑设计实践的行者，我寻求着大连建筑应具有的当代气质。大连是一个20世纪前后起点于西方古典形式主义基础上的近现代城市。不同时期的城市文化特征，建筑思潮很明显地反映在其结构形态的演变中，使得城市的肌理相对统一而完整。1930年大连成立了都市计划委员会，规划管理科学的引入奠定了城市发展的科学性，对城市文化形成深远的影响。大连的老历史风貌街区的审美穿透力、视觉冲击力现在看也不过时，仍然让人震撼、让人舒适。大连的城市文化由于其曾经的特殊殖民地历史环境、特殊的人文环境形成了自己较独特的东西。海洋地域特色开放且能包容时尚、欣赏时尚，这个不大的地方，想让它承载更多的东西恐怕是难以实现的。其实我们生活需求恰恰是这个城市力所能及的。尽管快节奏是我们目前主流意识形态所要求的，但大连城市文化的真本是慢节奏，节奏慢了之后设计、创意、艺术、人文都会从审美形态这样的角度去思考我们自己的城市，创新和继承的设计目标才有可能成为现实。这个城市在审美上有一种秀美的气质和优雅的姿态，这可能和我们过去地方文化特质中优良的部分，还有我们城市的环境、地理等区位优势是结合在一起的。如果强调和重视这种特征，我觉得包括市民、作家、艺术家、建筑师都会对这个城市产生新的认识。这有利于在新的时代下提升城市建筑的气质，即建筑的气质应该是：平静的——自然上的平静、心灵上的平静，这种平静蕴含着精致、含蓄、平和、隽秀。

建筑、城市和景观魅力永存的最佳保障是设计的品质。真正的优质建筑应当是功能良好的建筑、充满生机和活力的建筑、居住者和观赏者都喜欢的建筑，而建筑品质也会有尊严地随着岁月流逝而变成一杯陈酿。建筑中应当充满对比，能提供感官上的愉悦，有故事，也有惊喜。选用适宜的技术策略融入到特定的环境中，进而建造适当的城市空间和景观，把建筑本身看作是空间的构件。探求如何让这个构件符合当代的需求，以设计保证各种部件的细部工艺和材料质量，满足人们对建筑的感官要求，并提升建筑内部及周边的生活质量和改善、创造新的行为方式——这是建筑实践中行者的感悟，是态度的坚持！

ACTEL DESIGN FLOW PLATFORM ENTERPRISE PRODUCTS

大连金石滩影视艺术中心

项目名称：大连金石滩影视艺术中心
设计者：崔岩
合作建筑师：刘晓戎、温娜
建设地点：辽宁 大连
委托人：大连金石滩国家旅游度假区管委会
建筑面积：7 500m²
用地面积：10 000m²
设计时间：2000 年 8 月
完成时间：2001 年 8 月

2000 年教育机构品牌效应和形象的商品化促进了教育建筑由功能适用型转向以功能为基础的文化内涵型的新发展趋势。

大连金石滩模特影视艺术中心是在这一时代背景下产生并成功的渗入了商业策划的创意：将模特训练的职业特色与风景旅游相搭配——在学生日常教学训练的同时兼顾团队的参观。

钢琴曲线形两层通透的模特训练厅、景观大厅、参观廊和影视厅构成了解模特历史和现实生活的展览馆。

新建筑保持了原有校园的功能规划，尤其保证外来旅游车辆不干扰学校的日常生活，同时又体现了新建筑对原有校园规划不足的改进。

新建筑以双层膜结构形式（北方寒冷区首例公建双层膜围护结构工程）追求建筑体量、色彩的简洁纯净与金石滩广垠的天空、广场、绿地环境景观相融合。

巨大的白色张拉膜,张拉在钢骨架上形成 55m 长的翅膀从白色的"天穹"——"茧"中冲将出来,喻意了模特从日常训练走向 T 型舞台取得成功这种"化蝶"过程的希望和美丽。

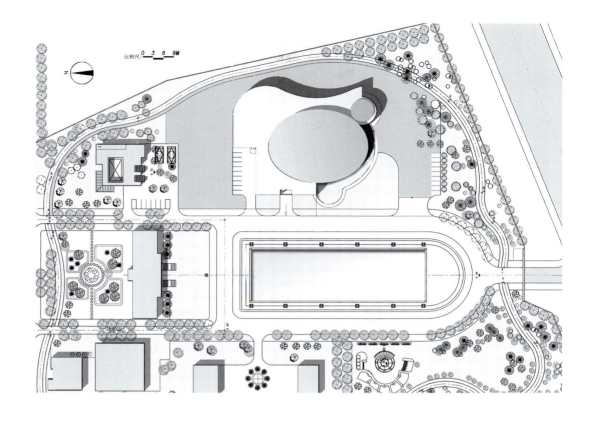

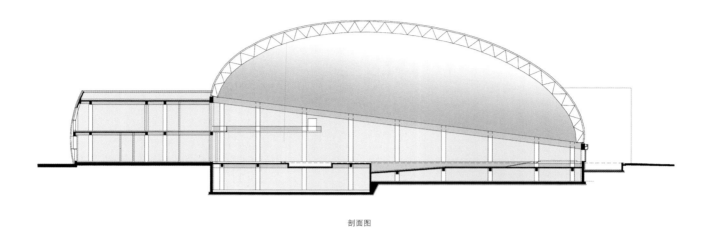

剖面图

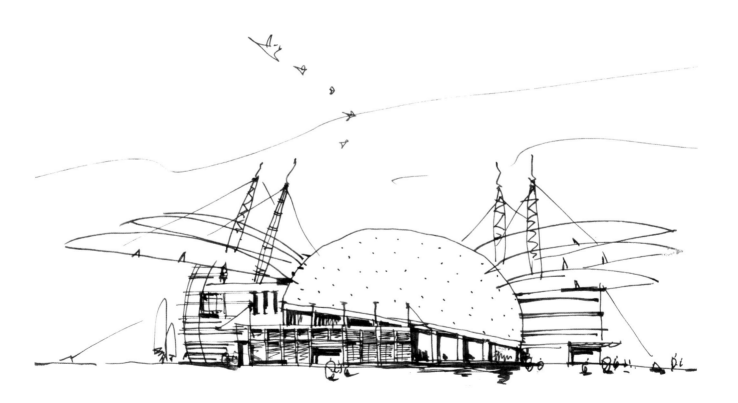

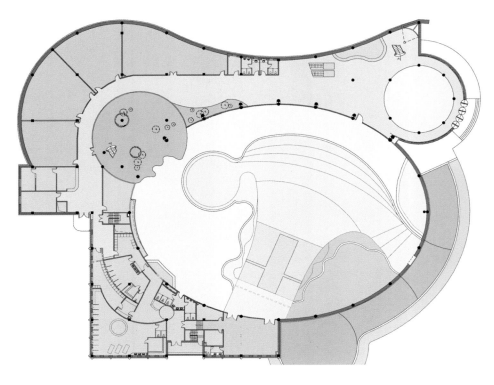

首层平面图

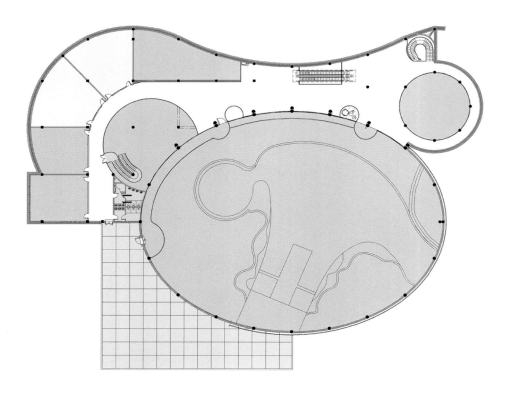

二层平面图

FACULTY OF SCIENCE,DALIAN UNIVERSITY

大连大学理学院

项目名称：大连大学理学院
设计者：崔岩、赵涛
合作建筑师：于晶
建设地点：辽宁 大连
委托人：大连大学
建筑面积：16 000m²
用地面积：10 501m²
设计时间：2001 年
完成时间：2004 年

大连大学是 1994 年全国首例通过土地置换规划建设的综合性大学，校园内无家属区，整个校园由中心图书馆、女子学院、医学院形成校园主轴线，辅以南侧文学院和北侧理学院组团共同形成校园主中心区域；音乐学院、美术学院、体育学院形成外围副中心区，学生生活区分布于不同的学院周边。生活在大连大学校园中的师生们多年来习惯了这种流畅的社区式学院组团模式，功能流线清晰便捷。针对此项目的设计理念建立于三个方面：

让新建筑承接已有校园规划的内容，并由于自身的加入而更加完善其功能性，同时形成"南区文学院，北区理学院"区域规划范围内新的发展趋势。

让师生们在建筑内有丰富的空间体验和心灵情感体验，新建筑不仅是教与学一体的功能建筑，更是学校文、理科品牌形象的反映。

让新建筑从外到内体现质朴的文化气质而又不失其当代性。

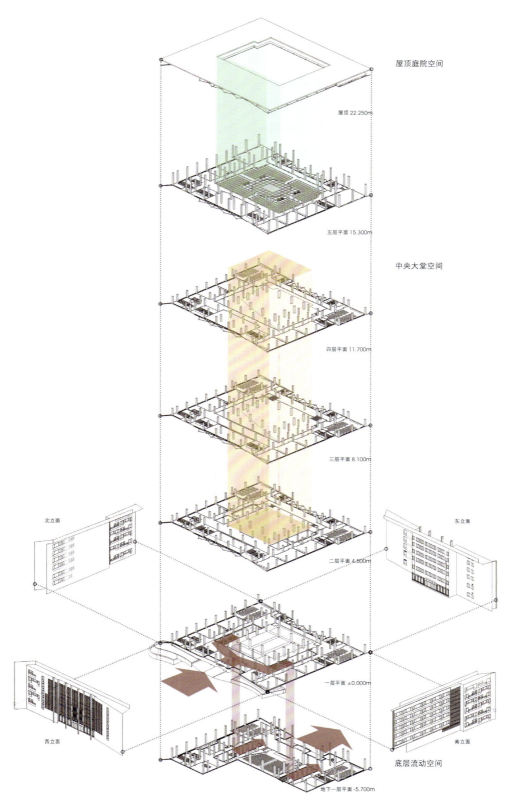

屋顶庭院空间

屋顶 22.250m

五层平面 15.300m

中央大堂空间

四层平面 11.700m

三层平面 8.100m

北立面

东立面

二层平面 4.500m

西立面

南立面

一层平面 ±0.000m

底层流动空间

地下一层平面 -5.700m

建筑空间分解示意图

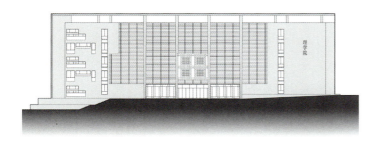

西立面图

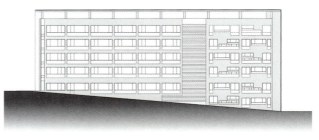

北立面图

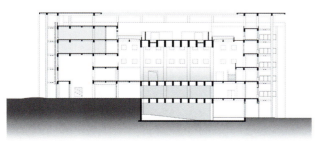

剖面图

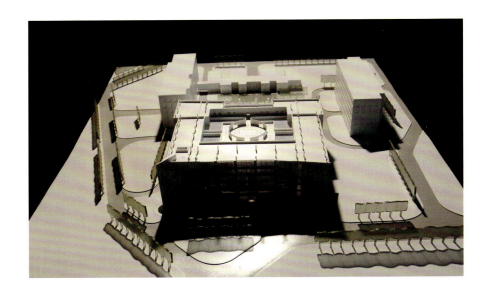

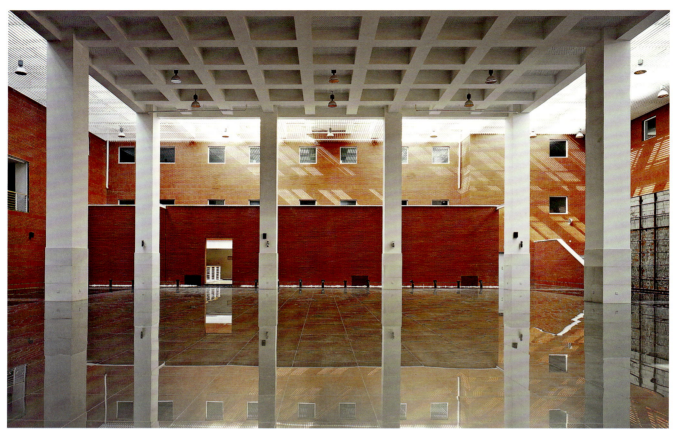

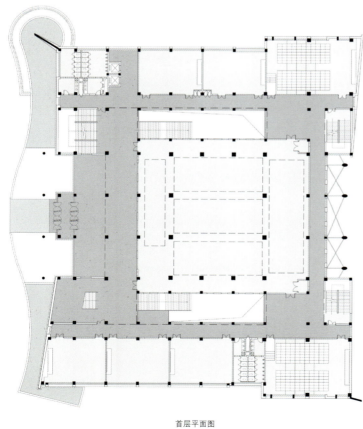

首层平面图

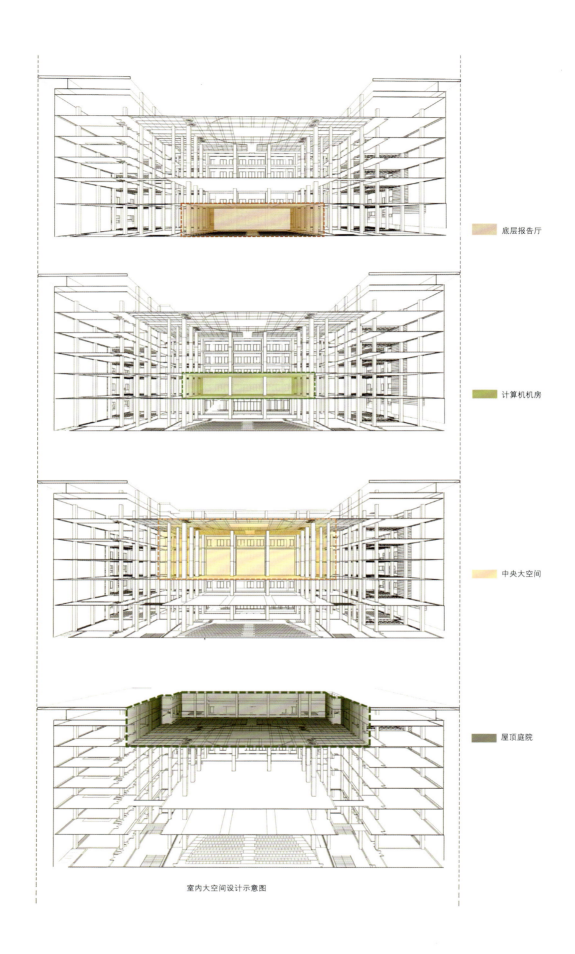

底层报告厅

计算机机房

中央大空间

屋顶庭院

室内大空间设计示意图

SHENYANG FRIENDSHIP INTERNATIONAL CONFERENCE CENTER,LIAONING

辽宁沈阳友谊国际会议中心

总平面图

项目名称：辽宁沈阳友谊国际会议中心
设计者：崔岩
合作建筑师：王歆公、彭国梁、金宁
建设地点：辽宁 沈阳
委托人：沈阳友谊宾馆
建筑面积：25 000m²
用地面积：25 581m²
设计时间：2001 年
完成时间：2002 年

随着时间的推移，功能性的不足或滞后终究是一种病患，业主有理由提出新的功能要求：新建筑集中布置，功能为准五星级酒店，内设游泳馆、剧场、多功能厅、圆桌会议厅、中小型会议室、中西餐厅、健身房、桑拿浴室等功能用房。

依据地形建筑师提出：将原 11# 楼和 12# 楼改造，面积一并纳入新项目中，解决无整块占地问题；既不破坏生态资源，又充分利用地势差和原有老建筑，将游泳馆及设备用房扩建并置于半地下，以保证游泳馆面向湖滨，视野开阔，同时解决大体量建筑尺度的问题。

基地西北方向有六棵古树，其中树龄 300 年以上的 4 棵，树高近 20m，古松树的大尺度与园区内的绿化尺度是大自然遗留下的特色景观。

剧场椭圆型平面形式及位置的确定，完全是根据古树的自然布点及剧场功能推敲出来的，而剧场椭球体量形式的稳定性和白色张拉膜材质与天空的融合性是方案构思的重点表现。

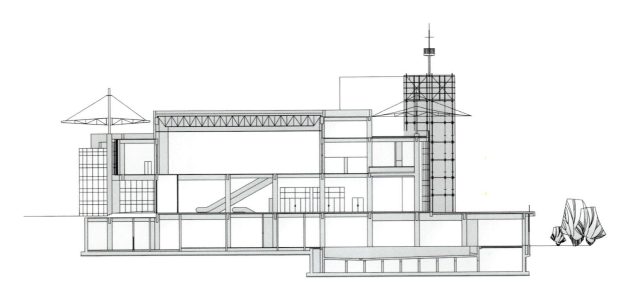

剖面图

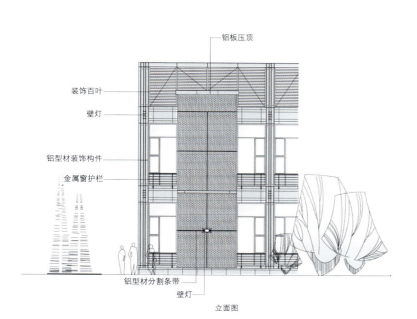

铝板压顶

装饰百叶

壁灯

铝型材装饰构件

金属窗护栏

铝型材分割条带

壁灯

立面图

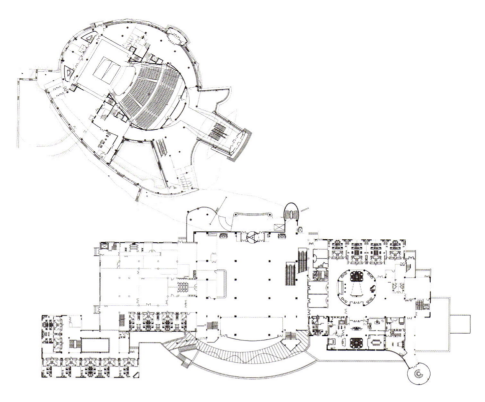

首层平面图

ABANDON THE OLD, EMBRACE THE NEW

弃旧立新

——沈阳友谊国际会议中心改扩建设计

崔岩、鞠平、王心公

友谊宾馆是个特殊的环境——园区内古树参天、视野开阔，其中 300 年树龄以上的古松有十几棵，别墅散点布置，掩映于绿树丛中，与自然环境有机融合，风景优美。

新功能导致新建筑体量与原有环境的矛盾，建筑师应调解矛盾。友谊宾馆工程中，建筑是幸运的，被业主赋予了主动权、制约权，从规划、建筑、装修、环境、标牌系统，甚至家具灯具的造型、内外光环境的营造，从设计到施工、选材、施工组织，都有职业建筑师的参与，但作品实现的过程却很艰辛。

项目的起因

项目缘于为加速东北工业振兴，招商引资配备必要的硬件设施——具备现代化国际水准的政府接待中心。在 2001 年 2 月春节后的一次会议上，正式确认在辽宁省政府下属的辽宁友谊宾馆园区内选址建造。

园区与北陵公园仅一墙之隔。负责人左主任介绍：现有接待中心以别墅群为主，散点布置，掩映于绿树丛中，与自然环境融合较好，形成风景优美、视野开阔的园区特色；但对接待工作来说，服务流线太长，仅适用于度假、疗养功能。尤其对学术会议接待功能而言，效率极低，消耗费用颇高。20 世纪 80 年代后期至 90 年代中期，是宾馆建设主要的发展阶段，当时资金投入有限，功能需求太多，遗留下不少遗憾的时代痕迹。现在风景土地资源越来越少，用原有模式发展建造，不但浪费资源，甚至会影响现有园区内景观品质的感受。业主最终建议：在节约与有效利用仅剩的风景资源用地的前提下建造建筑，以提高接待工作效率。新建的接待中心宜集中布置，功能为准五星级酒店。内设游泳馆、750 座剧场、供 500 人就餐或 800 人会议的多功能厅、圆桌会议厅、中小型会议室、中西餐厅、健身房、桑拿浴室等功能用房，规模控制在 2.5 万平方米左右。落成后定名为辽宁友谊国际会议中心。

因地制宜，充分利用老建筑，完善规划设计

规划设计中的困难因素：如此巨大的功能建筑体量（尤其是游泳馆和剧场）座落在园区内，势必影响整个风景园区的景观。

北陵风景区是沈阳最好的生态环境区之一，该区域雨水丰沛、植被茂盛、地下水水位较高、土质松软肥沃，若进行地下建筑的设计，其造价和防水施工均不利。园区内古树参天，其中三百年树龄以上的古松十几棵，散点分布于园区内，使我们无法找到整块适合此项目的基地。

突出点——剧场的功能及流线应具备独立性，剧场的大体量与周边别

墅的小尺度之间的对话是一个突出难点。

友谊宾馆园区内南面面向北陵湖滨的地势呈坡降（沈阳是个平原地区，仅有几个坡降，北陵的湖滨就是其中一个）。面向湖滨有两栋较大的别墅楼——11#、12# 楼，两楼之间有近千平方米的空地，原为停车场及两楼的入口广场。始建于 20 世纪 80 年代——女儿墙为红色的双曲瓦，道士帽形式，内庭式布局。两栋楼平面对称，均为宾馆接待功能，内设餐厅及娱乐用房。依据地形，建筑师提出：将原 11#、12# 楼改造，面积一并纳入新项目中，解决无整块占地问题。这样既不破坏生态资源，又充分利用地势差和原有老建筑，将游泳馆及设备用房扩建并置入半地下，以保证游泳馆一面面向湖滨，视野开阔，同时解决大体量建筑尺度的问题。我们认为这是对业主命题较好的解决方案，若按常规逻辑设计建造，其体量比例对园区的破坏后果是不可想象的。最终达成共识：拆除北面的几个 20 世纪七八十年代建造的小建筑——员工宿舍、仓库、小食堂，在南面面向北陵湖滨处原有 11#、12# 大别墅楼位置上，充分利用老建筑原接待功能，改扩建成新建筑。

利用旧建筑进行功能拓展设计和空间拓展设计

设计的核心始于原始地貌及现状的两条"轴线"和一个突出点，两条"轴线"——东西功能的展开与南北空间的贯通；一个突出点——剧场。

南北方向：南面开阔的绿草坡地过渡至湖滨。将原 11#、12# 楼间的停车广场空间，扩建成二层酒店。其中一层为大堂，层高 6m，二层为多功能宴会厅，层高 4.8m。面向湖滨一面局部二层挑空，形成两层高落地索点式玻璃幕墙，实现南北视觉景观的贯通。巧用南北地势的坡降形成半地下的游泳馆，并将美丽的湖滨绿化景色引入酒店大堂及游泳馆休闲区。由于利用坡地扩建游泳馆，从而大大缩减了新建筑物的尺度和体量。

东西方向：充分利用 11#、12# 楼原功能布局及交通布局，东侧原 11# 别墅楼改为新总统套房的部分功能，原有的内天井利用钢结构改造成大会见厅和娱乐厅，沿东侧加建总统套房及总统贵宾厅专用出入口，完善了东部区的功能独立性。西侧旧有的 12# 别墅楼改为部分客房和大会议厅，沿西侧加建标准客房和内庭院。这样便形成了"一字"展开二层 12m 高，内设 68 套客房（含总统套房）的酒店功能建筑。

突出点——剧场：基地西北方向有六棵古树，其中树龄 300 年以上的 4 棵，树高近 20m。每当夕阳西下，伴随着瑟瑟的秋风和沙沙的叶声，让人浮想联翩。古松树的大尺度与园区内的绿化尺度是大自然遗留下

的差异性特色景观。建筑师有意将大体量的剧场置于古松树丛中的设计构想也是一种差异性的设想（由于高大的古松比例，使剧场体量从视觉感受上变小）。剧场南北的3棵古松确定了剧场的宽度，尺度空间大小刚好符合功能要求。剧场椭圆形平面形式及位置的确定，完全是根据古树的自然点及剧场功能推敲出来的，而剧场椭球体量形式的稳定性与天空的融合性是这种差异性设想的成功例证。

楼梯、桥、连廊，作为交通空间的构成元素，提供了审阅建筑的各种场景模式。在设计中，建筑师将所有交通元素重点分析，从空间、视线到景观互借以求多点位的视觉效果。

椭球剧场外部大环梁以下的观众主入口门厅是钢结构与索点式玻璃幕墙。门厅高度依据周边别墅建筑尺度体量确定，因此空间高度较为紧张。整个门厅天棚至墙体全部采用索点式玻璃幕墙，所有的空调风口、灯具、喷淋均采用露明设计，并被作为建筑元素设计组织到空间之中。同时设置了一组直通观众厅的钢楼梯和电动扶梯，经磨砂玻璃吊挂索桥进入观众厅后区，整个主入口门厅及吊挂索桥玻璃材质的设计其用意是通过视觉的感受消减对建筑体量尺度的感觉。

改扩建中对材质的设计控制，体现对老建筑及周边环境的尊重
基地园区内的建筑以别墅建筑居多，这是建造于不同年代的精品工程。随着年代的久远彰显古朴宁静的气质，随着名人的入住和奇闻轶事的发生，又赋予它文化内涵的积淀。别墅建筑的形象：坡屋顶、外墙拉毛砖、清水砖墙、斩假石。建筑高度3层（含坡屋顶）。园区的环境景色优美、地势平坦、视野开阔，园内古松参天、树木茂盛，建筑掩映于其中。

改扩建建筑的高度确定为二层，力求在体量尺度上与周边别墅老建筑相协调。除去原有11#、12#旧建筑20世纪80年代的白色面砖和红色道士帽屋顶。外贴面采用仿手工拉毛面砖饰面，力求在视觉感受上与园区内别墅老建筑的粘土拉毛砖协调，使不同年代建筑之间的联系成为可能。而更重要的是联系新老建筑的室外景观空间，提供顾客体验不同年代建筑的机会，在历史与现代的对比中产生共鸣。新建筑的檐口部位（视觉感觉尺度以上的部位约12m）采用白色铝合金百叶檐口，这种轻盈的介质性材料在视觉上可虚化建筑的尺度。外立面材质若全部选用拉毛面砖去协调老建筑，会使新改建建筑失去生气。在拉毛砖墙面上设计竖向与水平的金属材质镶嵌细部造型与拉毛面砖材质形成对比，改变了面层的肌理，形成新的建筑界面。金属材质镶嵌的重点是金属构件的精细度要求，现场加工制作的环节越多，构件的精细度

就越差，形成的建筑外观离建筑师的期望值就越远。针对这种情况，建筑师建议此部分的金属构件完全由工厂制作，现场组装，去掉现场工艺制作环节，这种做法随之而来的是大量的细部图纸设计工作。这一重要环节在业主、建筑师和厂商的共识中完成。

剧场南面曲墙的设计，从体量关系上是为了平衡各种不同功能体块高低变化而形成的外在形式以及隐蔽屋顶冷却塔的作用。曲墙形式是巨大的观众厅膜结构体量与宾馆在尺度形式上的过渡，曲墙上的水平遮阳板与宾馆檐口的形式相近。在满足冷却塔热交换、房间采光通风功能基础上，设计赋予了建筑虚实的层次和光影感。沿墙体三个不同高度，三个不同走向的简化遮阳隔栅与百叶片，赋予了建筑水平安静的意境。阳光透过，纯净而朦胧，材质的肌理被阳光过滤，宁静地洒在拉毛砖墙面上、古松庭院中，形成淡淡的"灰"调，水平的廊桥穿插其中，增加了建筑的空间层次感。

建筑师选用膜结构体系以解决剧场功能巨大的空间容积和跨度。剧场平面是由长轴58m，短轴44m的单层椭球壳体为骨架，支撑双层索膜结构。双层膜层间间距控制在250～300mm之间，以确保沈阳冬季寒冷气候下的室内温度环境。巨大椭球壳体的长轴与水平方向夹角为4.0°，倾斜地落在环形大梁上，倾斜的角度是为了满足舞台的高度。剧场一层设观众厅、门厅及休息廊，二层为包厢。观众厅舞台部分台口宽16m，活动假台口可缩至14m，台口高9m，有升降乐池及升降舞台两块，并设有两个侧台。东侧的侧台兼布景运送，舞台的后区为化妆及乐队休息。

当白色的膜材被赋予了稳定而简洁的形式后，其体量轮廓线易于被天空背景消隐。无论晴天或阴天，由于友谊宾馆环境视野的平坦开阔，更易于这种简洁、纯净的白色膜构造型的视觉融合。为了适应沈阳的空气质量而选用了表层带有自清洁涂层的白色膜材料，而且双层膜材质的透光性也保证了剧场休息廊白天的采光问题。剧场北端为了协调此处多低矮灌木，少有高大树木且视线开阔，极易显现建筑体量的不利位置，建筑师利用钢结构挑出伞状的裙边式样的膜收边形式。伞状的裙边式样与灌木环境形式有机并存，弱化了剧场外型在人尺度视线范围内的硬性接触，丰富了建筑与自然的环境融合，同时又扩大了北侧观众休闲厅的使用面积与景观视野。

NORTH FINANCIAL CENTER, CENTER, DALIAN

大连北方金融中心

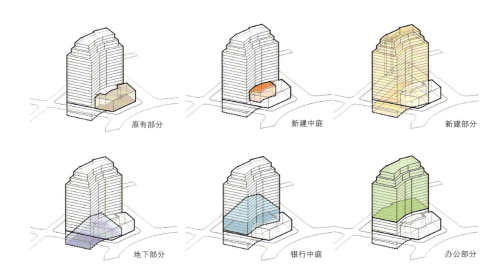

原有部分　　　　　　　新建中庭　　　　　　　新建部分

地下部分　　　　　　　银行中庭　　　　　　　办公部分

项目名称：大连北方金融中心
设计者：崔岩、赵涛
合作建筑师：彭国梁
建设地点：辽宁 大连
委托人：一方地产有限公司
建筑面积：41 000m²
用地面积：3 900m²
设计时间：2002 年
完成时间：2005 年

这是一个特别的项目——城市中心区的改扩建再生

原建筑诞生于大连殖民地时代的中山广场，现今是大连首批重点保护建筑之一，承载着历史的印记和城市的坐标，由于新建筑中国银行功能的转变，设计的策略在于重新确定其功能定位、文化定位和艺术定位。

谨慎维持保护原有砖混结构的外观形态，做到保护性修旧如旧，保留室内历史遗留的楼梯和金库（原室内在 20 世纪 80 年代经历过一次装修）。

将扩建的 16 层新办公楼与原建筑通过景观中庭相连接，景观中厅展示了银行未来追求环保节能的理念。

新老建筑的外墙面在此交汇形成现代与历史的强烈对比，改扩建后的新老建筑组合重构了形态的组合关系，追求逻辑关系清晰的全新建筑。

将新建筑设计成轻盈玻璃体，作为背景衬托着老建筑，中空 Low-E 单元式玻璃幕墙及变频变风量中央空调确保新建筑主体的节能环保性能和建筑形式的时代感。

"明确定位，再生价值；重扬形态，彰显理念；源于传统，归于现代。"是我们通过这个项目对城市中心区课题思考的一次有效尝试。

116

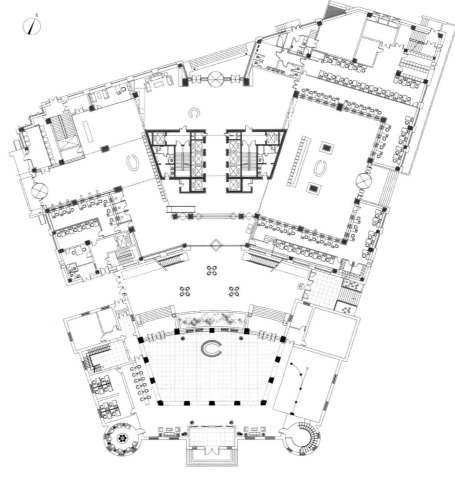

首层平面图

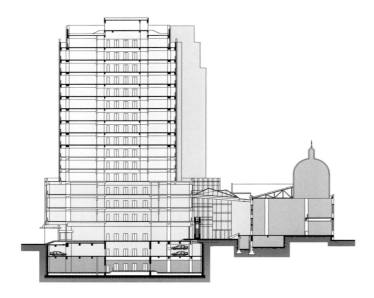

剖面图

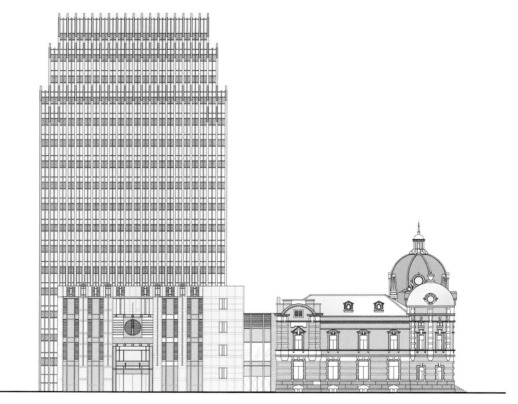

西立面图

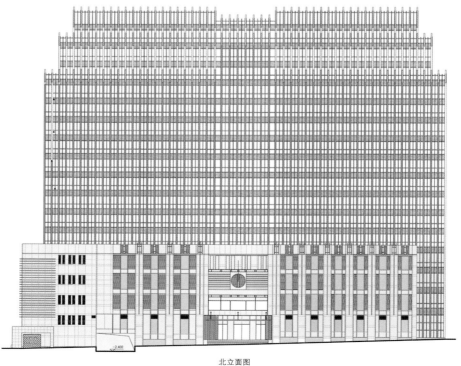

北立面图

THE CONTINUATION OF ARCHITECTURE

建筑背后的延续
——大连市北方金融中心项目设计及周边改造

孙常鸣、赵涛

一、地理位置及历史背景

大连市中山广场是历史遗留下来的现存中国最大、最完整、最有特点的欧式广场，历经百年沧桑，现已成为大连市一处重要的城市标志。

中山广场周边有十余栋古典欧式建筑，中国银行营业厅就是其中一栋。建筑前身为日本横滨正金银行大连支店，是日殖民统治时期的旧资银行营业楼。建筑位于中山广场北侧（现为大连北方金融中心的一部分），面积 2 804m²，地下 1 层，地上 2 层，局部 3 层，钢筋混凝土结构，始建于清宣统元年（1909 年）。由日本人太田毅设计，造型吸收了拜占庭建筑的特点，屋顶采用 3 个穹隆，中间大两边小，造型别致，色调醒目，焕发着强烈的文艺复兴后期建筑风格，是整个广场中具有独特韵味的一栋建筑。

大连北方金融中心项目用地紧邻中国银行营业厅北侧，东西两侧平行临接于中山广场的两条主要放射性支干路——民生街和上海路。由于其特殊地理位置，使得本项目不仅仅是建筑本身功能技术的实践，也是一种作为对历史文化的动态保护过程，一种新与旧的融合，一种改与留的共生。

二、古老与现代的对话
● 加法和减法

在现代社会，人们对历史建筑的保护意识随着文明和文化意识的提高而越加深入，在保护工作方法中出现了加法与减法两种保护意识。所谓加法指在历史建筑旁边或附近插建新建筑，通过静态和动态的设计理念，都可以得到与历史建筑的和谐共处的新街坊。所谓减法是指在历史建筑附近拆除旧房，暂不建新房，而改作绿地，公园式临建、小品等，将来根据需要，待条件成熟后再起新房。这样做的好处一是减轻了市区，特别是历史建筑集中段的密度，改善了历史建筑所处的空间环境；二是在当前我们的保护遗产理念尚不够完备时，给予时间和空间上的缓冲，为未来的保护工作储备空间和环境。大连北方金融中心项目是一种加法的保护过程，是建筑师在城市历史空间中加入的一个和谐音符。

设计师通过建筑形体、空间形态、细部符号、材质变化等诸多方面的仔细推敲，使得建筑在这块富有特殊文化气息的区域空间内愈显和谐、理性，也愈加赋予人文精神。

● 对比与协调

中山广场圆形放射性路网以及围绕四周的十余栋欧式古典建筑，限定维护了这一区域的建筑尺度与风格。在设计中，建筑师将建筑主体平面呈多边形布置。其中东、西、北三边与城市道路平行，南侧通过共享中庭与老建筑连为一体且呈围合状面向中山广场。这样，新建筑与老建筑同处于一条指向广场圆心的中轴线上，形成了一组连贯的建筑，维护了中山广场原有的围合空间形态，也增强了建筑群的体块错落，丰富了视觉的变化。

建筑主体体量分为 5 个层次递减收缩，力求减小主体对中山广场及原有老建筑形成的压迫感，同时也起到减小主体自身横向比例，增加竖向挺拔的效果。建筑外墙主材质采用全玻璃幕墙系统，通过 Low-E 中空玻璃所特有反射及透光率，均匀地将天空、白云、大地折射融合于建筑群当中，形成虚幻空渺的视觉效果，有效地减少了新建筑对广场及周边保护建筑的影响，体现现代建筑材料与古老建筑砖墙的对比协调，表现了对广场历史氛围的尊重。建筑主体细部采用了竖向金属密肋线条的作法，它们以 1400mm 的等间距均匀排布在晶莹虚幻的玻璃幕墙上，不仅仅做为装饰构件也是控制建筑结构尺度的模数依据。这种细部韵律的产生，丰富了单调的玻璃幕墙体系，强调了建筑主体的竖向体量。同时，蕴涵于其中的哥特式符号处理，也使得建筑与广场的文化氛围相得益彰。在近人视角范围内的裙房设计中，设计师以深灰色磨光花岗岩为主要材质，配以反射率高的玻璃幕墙与金属构件，用现代的建筑材质及构造方法来体现古典建筑的优美比例，使得广场的历史文化气息得到纵向上的延伸。

● 连接与融合

设计师对于老建筑的尊重不仅仅体现在建筑形式上的协调。在空间中，也力求达到新老建筑转承关系的自然流畅。共享中庭在项目中并无具体的实质性功能，但它作为一种精神场所在新老空间形态的融合中却起到了决定性作用。

共享中庭作为一个软连接体，它尊重了原中国银行老建筑的特点，保护老建筑特有的风格，其高度处理低于老建筑的屋檐，中山广场上的每一个角度都隐含在老建筑之中，保证了老建筑的独立完整性。中庭采用了全玻璃幕系统，内部视野通透，它的存在不但不影响新建筑的竖向视觉连续，同时也不破坏原有老建筑的外饰面。值得一提的是中庭屋顶采用大跨框架玻璃系统，简洁明快、富有变化而不过分张扬，并作为新老建筑的公共空间。为了不破坏老建筑的结构，老建筑不向中庭提供结构支撑，支撑体系是由距离老建筑北侧外墙 3m 的 4 根钢柱及新楼结构搭接的 6 根钢梁构成。

中庭将新老建筑结合在一起，虽然在新老建筑形态上有很大的差别，但是在内部空间却是相互连接和融合的，这一连接是历史与现代的融合。我们依稀还记得那遥远的历史，将今日的变化融入其中，产生了古老与现代的对话。

三、工程感悟

当人们置身于具有一定特色的历史城市或传统街区中，总会被那些亲切、温暖、充满生机与情趣的生活场所吸引、打动，也总会被某种强烈的场所感——某种个体和背景不可分割的整体意向所笼罩。所以当代建筑才呈现出了某种向传统和地方文化"回归"的倾向，但当我们对当代城市和建筑进行反思后，其目标不应仅仅局限于新老建筑的形式上的协调和视觉的连续，也不应只是重新建立起某种延续、协调"文脉"关系的城市景观，而应当是一种更高层次意义上的建筑与城市（建筑与人的生活整体）关系的探索。

伴随着工程的结束，设计师从中得到的不仅仅是技术上的完善和成熟，更多的是精神上的感悟和净化。每当驻足于中山广场中，我们总会感到心灵跟随着这个建筑融入到广场的灵魂深处。无论它是成功的或者留有诸多遗憾，却总是作为一个瞬间记录在历史的长河当中。或许这种心灵上的冲击正是我们对于历史文化传承的最好感应。

NO.10 SENIOR MIDDLE SCHOOL IN DALIAN ECONOMIC AND TECHNOLOGICAL DEVELOPMENT AREA

大连市经济技术开发区第十高级中学

项目名称：大连市经济技术开发区第十高级中学
设计者：崔岩、纪晓海
合作建筑师：赵涛、彭国梁
建设地点：大连市经济技术开发区
委托人：大连市经济技术开发区市政管理总公司
建筑面积：56 000m²
用地面积：10ha
设计时间：2002 年
完成时间：2005 年

大连经济技术开发区第十高级中学的设计从选址及用地的总平面布置开始，合理划分室外空间的功能：将学生的庆典仪式活动、体育活动、课间活动、休闲娱乐的功能逐一解决。

教学楼的设计则是通过对普通教室分析形成典型的单一模块，经排列组合成建筑的主构元素——普通教室、实验教室及相关教室。

适用型的设计理念，形成学校的设计重点：对保温、采光、视线、声学合理性的追求，强调空间的意境和趣味性。

建筑单体的外观是以功能适用为内涵的外在表现，形成了建筑本质而纯净的美，体现了设计从规划到单体、室内到室外、环境至景观的综合考虑。

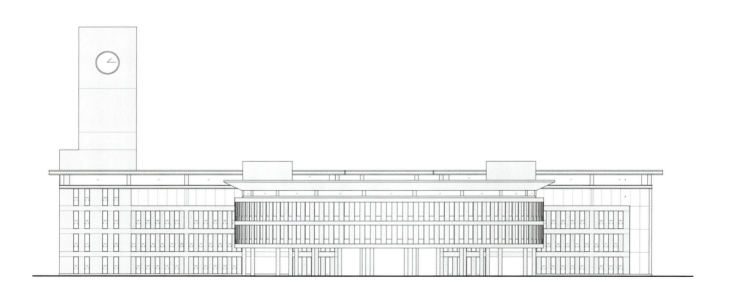

2# 楼立面图

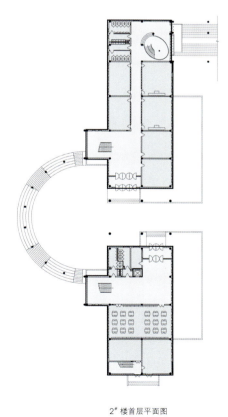

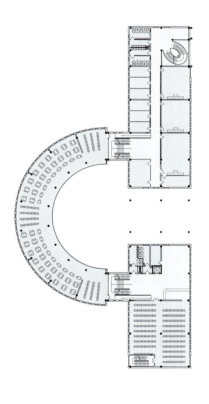

2# 楼首层平面图　　　　　　　　　　　　　　　　　2# 楼二层平面图

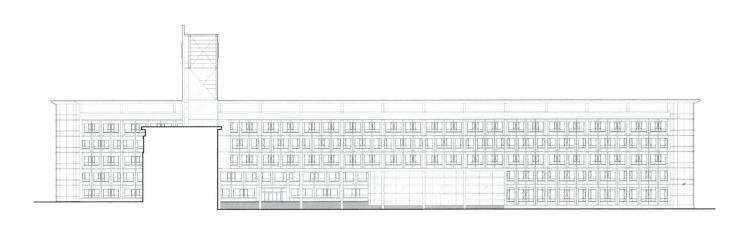

1# 楼立面图

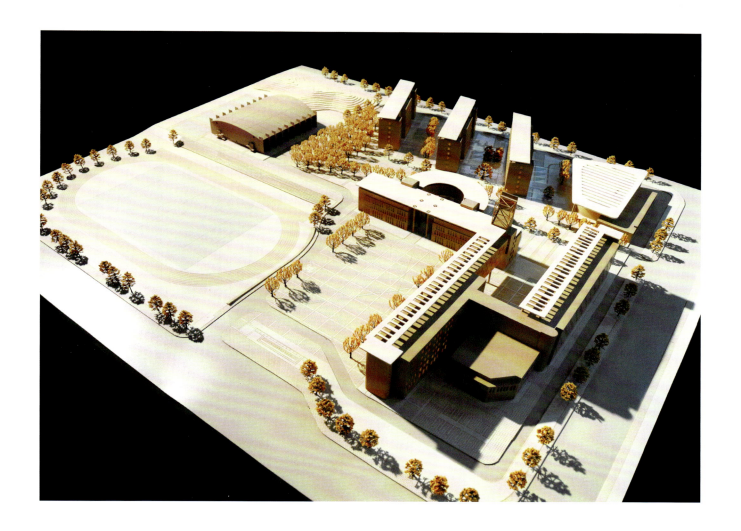

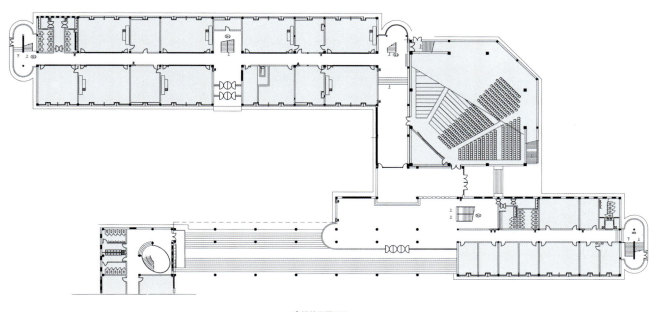

1#楼首层平面图

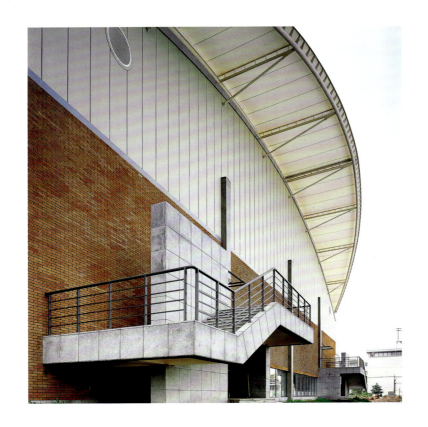

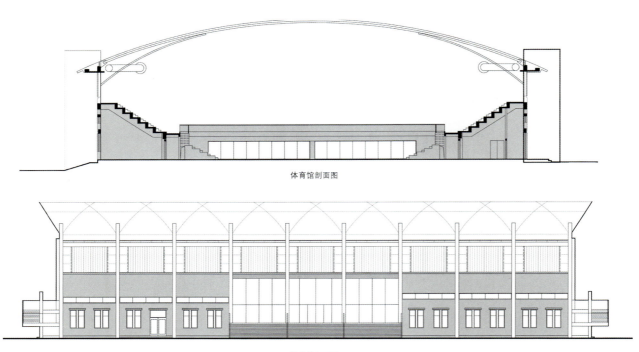

体育馆剖面图

体育馆立面图

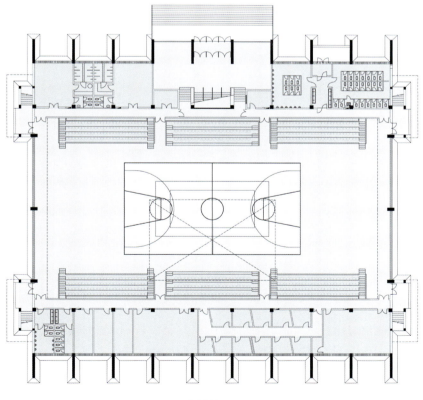

体育馆首层平面图

XING LIANGKUN CERAMIC ART MUSEUM

邢良坤陶艺馆

项目名称：邢良坤陶艺馆
设计者：崔岩
合作建筑师：于晶、隋迪
建设地点：辽宁 大连
委托人：大连市科技局
建筑面积：4 998m²
用地面积：5 066m²
设计时间：2006 年
完成时间：2009 年

当代大连是一座时尚之都，以购物、运动、休闲为代表的旅游文化正成为城市的名片。在青山、秀水时尚之都的外表下，城市还需要一张更雅的文化名片，不仅可以向参观者展示代表本土文化的艺术品，更应有当代艺术展览和艺术活动。

设计的策划将陶艺馆分成参观者体验大厅（兼艺术活动多功能厅）、精品作品展示、邢良坤工作室及生活区三个功能分区。

场地东南 200m 以外的老虎滩景区虎雕景点和周围的山势地形，逻辑性的导致了陶艺馆依山就势、纯净简洁、消减体量、化整为零的设计构思。

通过结合使用功能的空间体块排列组合，达到一定的空间序列感，同时利用不同的高度，塑造出丰富的内部空间。建筑依地而起，参观者可以通过联系内外的环廊与坡道、庭院、挑台欣赏到内、外部的景观。

陶艺馆以清水混凝土结合钢与玻璃为外饰面材料，将清水砼墙设计成书法笔触的洞口开窗形式。在光线的变幻与光景的律动中，产生东方意境质感。局部三层巨型斜天窗的造型处理成民居坡顶，隐喻传统合院空间的体现，建筑师的力求使单一的建筑空间向深厚的文化品质升华。

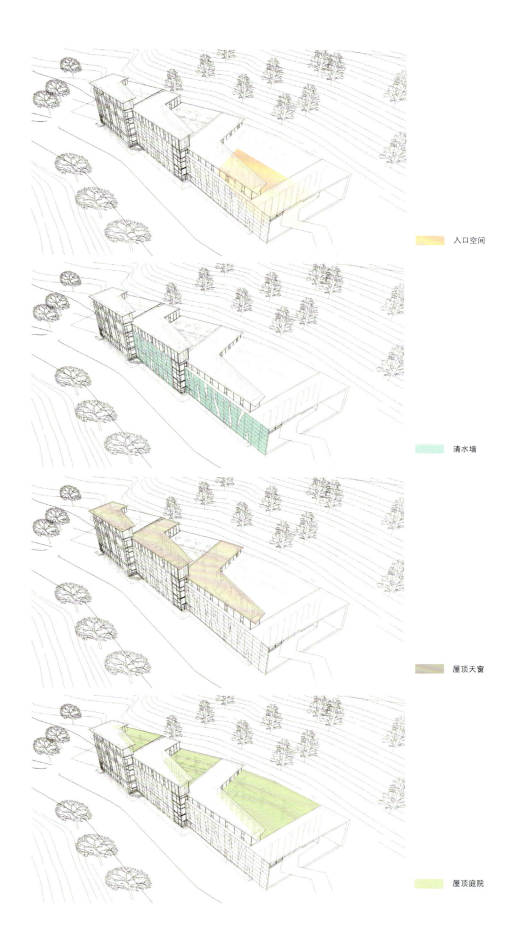

入口空间

清水墙

屋顶天窗

屋顶庭院

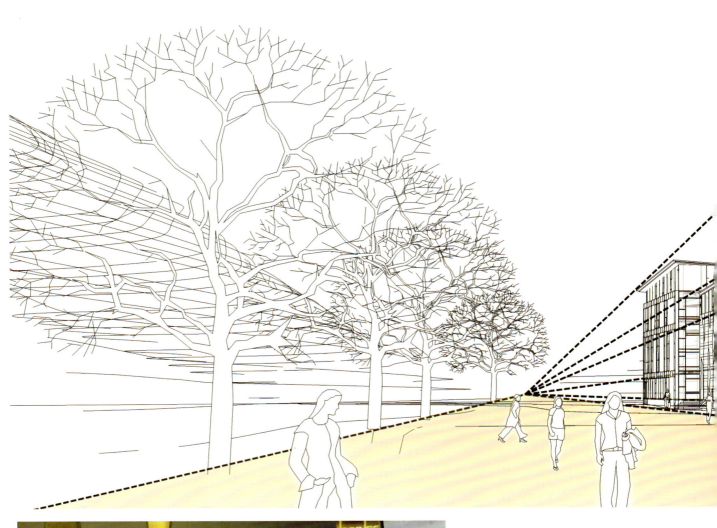

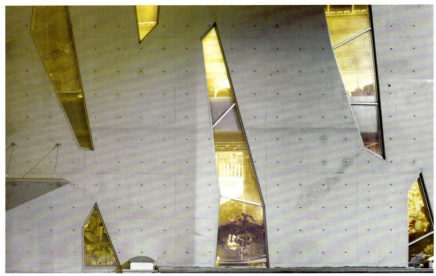

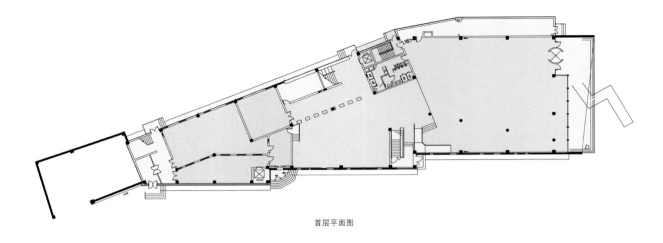

首层平面图

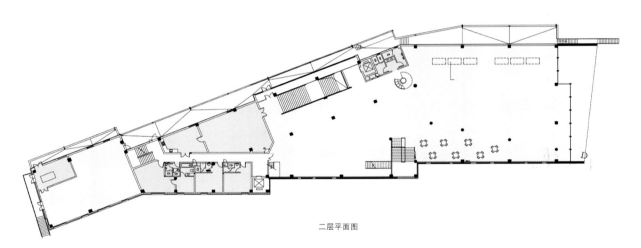

二层平面图

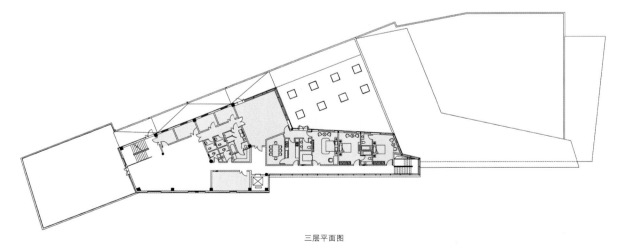

三层平面图

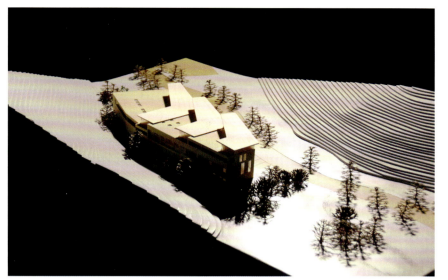

POETRY IN MOUNTAIN

诗意于山间
——邢良坤陶艺馆建筑

赵剑峰

一、项目背景

UDS 建筑师工作室新近作品——邢良坤陶艺馆坐落于大连老虎滩风景区，是当代陶艺大师邢良坤的创作、展示以及生活空间。建筑与景区标志——虎群雕塑通过景区道路串接联系，因为映衬于远处略平缓山体，又没有其他建筑遮掩，直接暴露在环境透视中，与雕塑形成纵深方向的层次关系。雕塑的现代感和整个城市的现代化气息，对建筑的风格就有了很好的定位，场地构成元素的简洁性也对建筑的气质有了要求。

建筑设计在立项之初就对设计师的创作附加了些许"限制"。其一是因为建筑场地位于国家 5A 级风景区，对 20 世纪 80 年代原有建筑的拆除新建，需要保留原有建筑的基本技术经济指标：原有建筑决定了新建筑的边界范围，新建筑与原有建筑需要保持建筑高度的一致，目的是维系场地原有的空间组织秩序。这就要求建筑师对建筑设计成果有更好的控制性。其二，陶艺创作和建筑创作在概念和文脉上有着一定的联系和交流，存在着诸多共性特征，需要在设计内容中有所反馈。陶艺大师邢良坤对建筑设计给予了自己的理解和思考，建筑师需要把业主本人的意见和建议整合到建筑设计中。

这样的约束是友善的，这样的矛盾也成为建筑存在的意义。建筑的创作正是在这种矛盾中求得创新源泉，正是它们在不断启发着建筑师完成整个创作过程。

二、静默与存在——场所精神

陶艺馆建筑作为景区未来的景观性元素，拥有相对特殊的地域特征。一侧毗邻的道路和另一侧斜倚的山体夹生出的狭长地段，使建筑师的设计选择了依循自然与人文景观和谐共生的尊重方式，把自己的建筑谦逊地融合在自然环境里。建筑是为独特场地而生的。既然环境中早已存在某种既定模式，建筑要协调自身即将展开主题与场地基调的矛盾冲突。

陶艺馆平面的布局是以地理学立场在场地风景中引入简单的几何学，反映了建筑师的设计与场地结构相适应的处理手法。建筑设计中尝试着直接地面对问题：地形的变化只是为建筑增加了更多的趣味性。阶梯形式的体量变化也从另一个维度上呼应着场地环境的主体特征。建筑既有如山势般的隐退和渐远，又不乏如道路似的趋进与攀升。场所的前景和背景被模糊，唤起对自然的持续性感知。

建筑不突兀于山体，处于一种"静默"状态。表现出的是正在观察、聆听和如韬光养晦般的内敛与安静，是一种不受外部牵制的、内省的精神状态。这往往能唤起建筑的消融感。这种静默的消融品质，需要在以山地为地域背景、气候环境和特殊文化氛围中，缓慢地在细致、连续的思考中沉积下来。此时的山之于建筑——巍峨；此地的建筑之于山——内敛。

同时，建筑又呈现出一种生存状态，而不再是观景道路的"附生物"。因为顾盼于群虎雕塑的气势，呼应关系适势而生。建筑变得鲜活生动，写意般而非体积感地存在于场域环境中。建筑也是在这种存在感中求得与环境共生的场所精神。

建筑师重视这些场所精神，这就使得建筑具备了某种与生俱来的个体品质。正如建筑师本人所说："不想打破场地原有的肌理和层次关系，但也绝不会让建筑成为环境的客体存在"。

三、契合环境——建筑外部设计

建筑从设计过程来看可分为两种：一种是从指导性的概念开始，然后再到可被体验的细部；而另一种则刚好相反，它是从真正的感知环境出发，然后是对建筑实行亲历亲为，它不是基于统一和完形，而是感觉的聚合物。前者基于一种统筹各种社会资源的观念，强调的是建筑的社会性；而后者则更关注具体个人的细微体验。

陶艺馆建筑在设计伊始便以生动的环境体验作为目标。作为主体的人更多的是在一系列的景物环境中运动，感官随持续的刺激变化着，不同秩序的空间连续地重组和交织，表现出多重身份，并最终形成完整的空间体验。

陶艺馆建筑主体的屋顶在透视上是低于山际线的。虽然建筑师的设计更加强调屋顶的轻薄感和建筑自下而上的退晕关系，但也没有因为山体的庞大而被隐没，形成的是构筑物与自然山体之间的层次交叠。而且，正是屋顶的轻薄质感和下部玻璃对周边景致的影射，褪淡了建筑主体的上半部分，建筑有了环境嵌入感。从平面上看，屋顶鲜明的几何造型特征，附加给建筑的是强烈的围合关系，这种围合还依托于山体的自然等高线。

相反，道路的出现似乎是对陶艺馆已有谦卑的"挑衅"。建筑师的应对是积极有效的。树枝状挖补变化的清水混凝土墙体，又似传统书法的笔触，给建筑添附了几分文化内涵。加上粘聚的天然卵石镶砌，无不夹带着隐喻、类比、共鸣等设计手法的应用。因为在我们的视觉经验中没有经历过，厚重的墙体表皮样态给人奇怪的感觉。但建筑师这么做，是要建筑回应它所处的环境，创造出让人极端意外的体验。这是文化建筑的厚重诠释，也是建筑内部功能与外部形式关系的逻辑映射。

陶艺馆的入口设计相比多义的墙体更显简洁和流畅。通过嵌套的两个折板框构，斜置的通高玻璃墙面以及适宽的门前水池设计，在相对"单调"的几何化构筑中强调出建筑有序的进入功能。正是这种简洁，形成观赏距离的远近变化的不同功能意义：远观的混凝土折板变化，是入口的线性轮廓；近距离大玻璃墙面的通透性，又消解了建筑室内外的间隔，消释了建筑外围护的排斥感和拒绝性。这正是建筑师"远可观山，近可赏展"的陶艺馆设计追求。

四、环境的自然渗入——建筑内部空间设计
陶艺馆建筑内部空间的设计，运用了传统建筑的"院落"逻辑，在建筑的外部形态设计中也有所体现。三个递进式空间所传达的是对艺术品的品鉴和深入了解的思维过程。虽然没有明晰的形式上进深层次关系，但是通过陈列厅面积由大到小，陈列品展示由粗到精的浸渐变化，形成对陶艺艺术家设计思维发展演变的理解（这应该算是观展的一部分）。这种序列空间有别于寻常的展示建筑内部空间变化，空间的同一性被打破了，取而代之的是空间错落的高度变化和多样的围合关系。同时，将休憩空间、辅助空间夹杂在流线中，完善了空间功能。

在空间的围合方式上，建筑师没有采取实体——空间的围合方式，而是选择空间——空间的围合处理。围合界面的空间本身具有功能意义，包括连廊、楼梯、茶室等，但相对于所围合的空间，自身的功能意义被淡化了。围合空间与被围合空间存在交互关系，是一种交错和并置。如果说传统的内部空间还是在依据功能进行着水平或竖向的空间游戏，那对于此，已经将空间功能转换升华为空间交流。更可贵的是，建筑师不是在虚构以使建筑内部空间存在这样的变化，而是将功能、环境、文脉等多因素进行了综合地协调与整合。

由于陶艺馆需要考虑艺术家的生活起居，公共与私密空间的分割与转换、隐藏与暴露变得更有趣味性。在生活起居部分，建筑师没有让私密性变成封闭性，通过开敞的屋顶花园，将私密生活空间"开放"了，这种开放又通过屋顶的叠置变得相对独立。而且，屋顶庭院的独立性依赖于一种变异的围合，是山体、屋顶与建筑外墙等元素实与虚的围合。

五、结语
在对 UDS 建筑师的寻访交谈中，我发现了建筑师对于陶艺馆形态、功能以及地域性等问题有着更多的创作思考，形式的外在表现不过是建筑师对创作细致权衡的结果。诸如艺术家生活用房的设计构思，内部空间的宽连廊，甚至细小到墙体和屋顶材质，铺贴、分割方式以及色彩关系的选择等，无不显现出建筑师创作的状态。虽然建筑规模不大，但通过建筑师的缜密的创作演绎，最终将这座陶艺馆建筑如诗般写意于山间。

THE WORLD
TRADE CENTER
BUILDING, DALIAN

大连国贸中心大厦

项目名称：大连国贸中心大厦
设计者：崔岩
设计团队：左良斗、隋迪、葛少恩、任延友
委托人：大连国贸中心大厦有限公司
建筑面积：422 905m²
用地面积：10 950m²
建筑高度：433m
设计时间：2010 年 7 月

大连国贸中心大厦项目始于 1996 年，2002 年项目转让新的业主——宏孚企业集团，受宏孚企业集团的设计委托我于 2002 年 7 月参与此项目（设计高度 349m），2005 年由于企业资金问题项目暂停，直至 2010 年该项目再度重新转让新的业主，应老业主宏孚企业集团转让条件要求：设计单位连同项目绑定转让，我再度有幸于 2010 年 7 月重新启动该项目，一来一往 8 年时间弹指一挥间。此项目的西侧地块金座大厦始建于 1993 年，1998 年塔楼的外装修完成，由于各种原因项目搁置至今，这两个项目成为紧密相邻的大连城市核心区域最为著名的烂尾楼工程，时至今日金座大厦仍未有承接的新业主，而时间的变化导致地块周边客观条件的变化。好的方面：近几年来房价的飞涨给力于房地产商，新建地铁站点可与大厦方便的连接，政府积极支持尽快解决烂尾楼工程。坏的方面：相对于 8 年前需重新确立新的环保、节能设计理念，重新考虑定位核心区域城市交通和停车的发展和变化。项目重新发展前重要的设计定位过程：建筑师结合项目业主的对功能要求，重新进行区域内新建筑的高度和体量与现状城市建筑体量的比对，研究结合新建地铁、公交站点、的士乘降点、新的私家车配比指标及周边道路承载能力，重新定位交通效率，提供可行的解决措施。

● 预测未来金座新业主可能性的功能改造对区域交通和停车的影响。

● 新建筑停车场设计结合金座拓展停车楼功能，探讨综合考虑解决天津街区域停车的可能。

● 在停车数量达到测算指标的同时，研究停车进出场、库的运行效率对城市道路交通的影响。

● 优化新建筑自身电梯运行效率、优化新建筑与新建地铁站口的衔接方便性。

综合多项课题的设计定位和研究，道路交通运行能力、停车总量、停车运行效率诸多问题最终导致原则上否定了政府规划和业主的初衷，新建筑重新定位于 280m，取消高区酒店的功能，以减轻交通和停车给城市区域带来的压力。目前业主和政府正致力于寻找商业运营效益与优良的周边环境效率的设计平衡定位，因此该项目的发展仍处于飘浮的状态中。

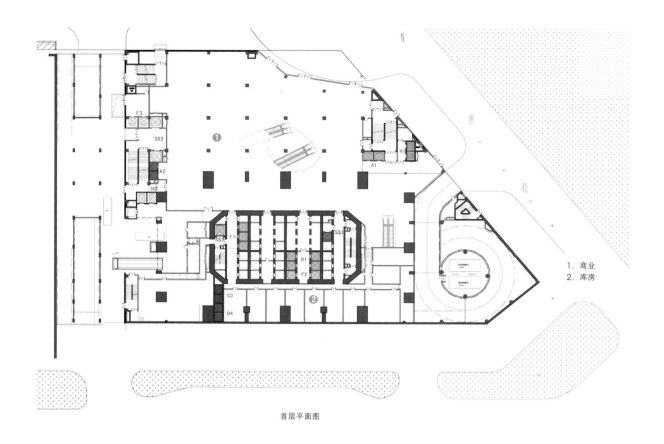

首层平面图

1、商业
2、库房

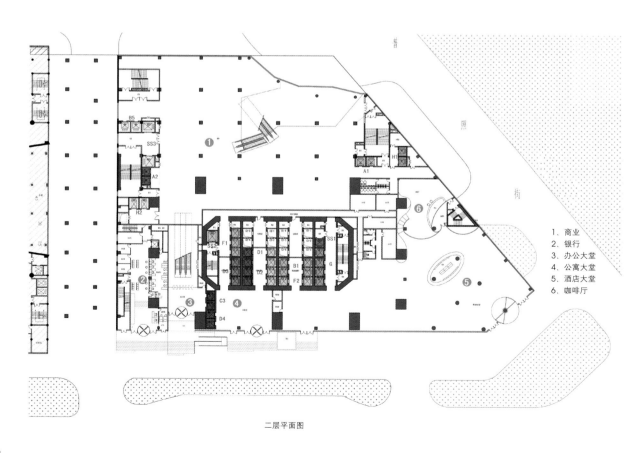

二层平面图

1、商业
2、银行
3、办公大堂
4、公寓大堂
5、酒店大堂
6、咖啡厅

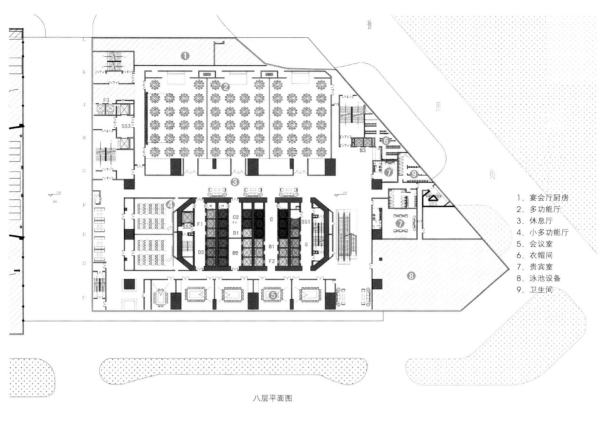

八层平面图

1. 宴会厅厨房
2. 多功能厅
3. 休息厅
4. 小多功能厅
5. 会议室
6. 衣帽间
7. 贵宾室
8. 泳池设备
9. 卫生间

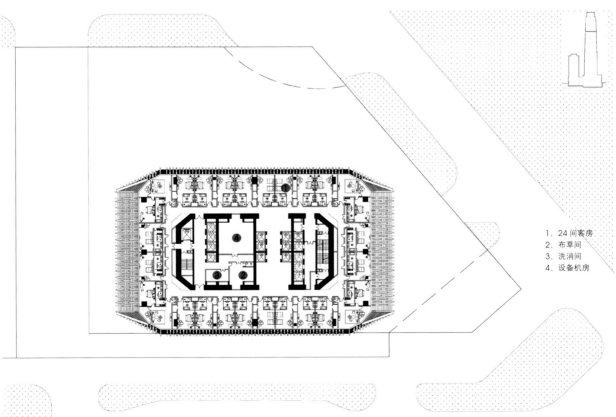

八十层层平面图

1. 24 间客房
2. 布草间
3. 洗消间
4. 设备机房

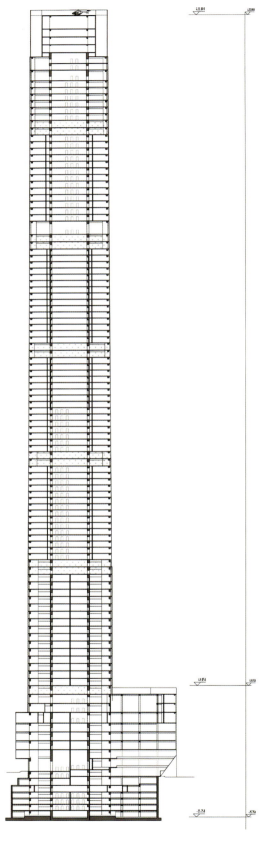

剖面图

DALIAN INTERNATIONAL CONFERENCE CENTER

大连国际会议中心

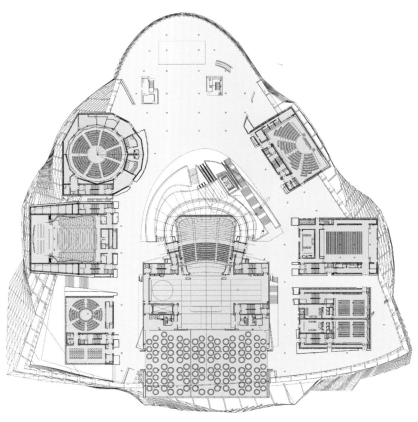

首层平面图

项目名称：大连国际会议中心
方案设计：奥地利蓝天组（Coop Himmelblau）
建筑设计：大连市设计研究院有限公司
中方项目负责：崔岩
建设地点：辽宁 大连
委托人：大连国际会议中心有限公司
建筑面积：146 819m²
用地面积：4.3ha
设计时间：2008 至今

大连国际会议中心基址位于大连市人民路东端，面向大海，背依城市核心，是城市与海、自然与人文的交汇点，是东部新区发展的起始点。项目建成后将成为具有国际标准的大型综合会议中心及演出中心，并满足达沃斯会议的使用要求。为了项目的高起点、高品质，在方案设计阶段召集了六家世界顶级建筑事务所进行国际招标，最终选定奥地利蓝天组（Coop Himmelblau）的设计方案。该项目的中方配合和施工图设计确定由大连市建筑设计研究院负责完成。

大连国际会议中心设计方案体现了鲜明的地标性，行云流水般的建筑形态回应着海的召唤，尺度恢宏的室内共享空间展示了开放包容的城市性格，设计的中心理念体现着〝城市中的建筑，建筑中的城市〞。建筑的外形对周围环境做出了有力的回应，体现了这个时代复杂多元的文化特征。国际会议中心为大连这个美丽时尚之都再添亮点，建成后必将成为东港区的标志性建筑。

大连国际会议中心总建筑面积约 146 819m²，占地面积 4.3ha。其中地下一层，为车库和后勤服务空间；地上主要使用层共 4 层，内设 3 000m² 可容纳 2000 人的多功能大厅，可满足达沃斯的

会议和餐饮要求。另有高标准的 1650 座剧场，可容纳包括大型歌舞剧演出在内的多种演出活动。会议中心内还设有 900 座、400 座、200 座等中小型会议厅 6 个，小型会议室约 28 个及 4 个多功能能贵宾厅和多媒体会议厅。各会议厅内配备现代化的会议服务设施，为与会者提供国际标准的使用空间。为了保证安全和便捷，参会者、嘉宾、媒体、演员等都有独立的进出流线及使用区域。国际会议中心的结构复杂程度超出国内现有类似结构，结构形式体现在地下室钢筋混凝土结构，基础形式为桩筏；地上部分为钢结构，楼梯电梯筒体为型钢混凝土结构，柱为钢结构或钢管混凝土，10.2m、15.3m 标高采用钢结构桁架楼板，中心剧场为混凝土与钢混合结构，屋架结构为桁架式钢结构。

大连国际会议中心的设计紧扣绿色、环保节能、以人为本的主题：楼宇自控、智能遮阳、自然通风、海水源冷媒制冷等的使用，使它真正成为低耗能的绿色建筑；周到细致的残障设施考虑，体现了无微不至的人本关怀。

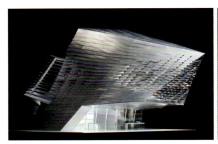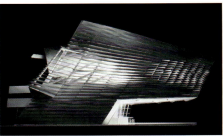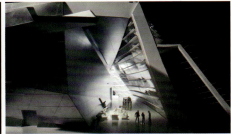

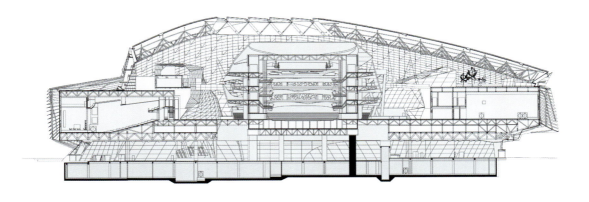

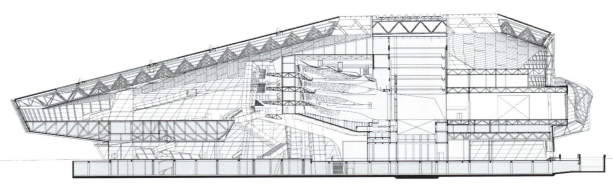

剖面图

THE THINKING ON DALIAN INTERNATIONAL CONFERENCE CENTER'S DEIGN MODE

大连国际会议中心设计模式的思考

——与奥地利建筑师合作设计有感

葛少恩（UDS建筑师工作室）

学建筑学的同事们常常会面对着一张张精美的图片，一幢幢精致的欧洲现代建筑感叹，感叹西方建筑师造型手法的洗练；对材质极尽本质的深刻表现；对技术运用的熟稔。个中原因，自然离不开欧美工业的发达，设计理念的普惠，艺术运动的活跃，乃至设计运作体系的成熟高效。然而在近距离接触学习，亲身体验欧洲建筑设计的精益求精之后，还是对西方建筑设计，有了一些更加具象，更加真切的体会。

2008 年 8 月，我院中标与蓝天组（Coop Himmelblau）合作设计大连国际会议中心项目。我幸运的参加了崔总领导的设计小组，并受邀赴奥地利蓝天组事务所学习、参与合作设计。在维也纳蓝天组事务所，我们观摩了设计的部分操作过程，与奥方设计小组的成员进行了广泛的交流，学习了犀牛等设计软件。在工作之余我参观了慕尼黑宝马世界，维也纳 Gasometer 等蓝天组的新近建成作品。感受颇深，嗣后又投入到紧张的设计制图中，已逾一年。基于我在该项目中积累的一点粗浅经验，斗胆总结一些所思所想，希望能与建筑专业的同事们商榷。

一、犀牛（Rhino）等计算机软件在建筑设计中的运用

1 犀牛软件在造型设计中的运用

大连国际会议中心项目设计中的最大特点，在于用犀牛在计算机中完全按照实际尺寸建出整个建筑精确的三维模型，并根据犀牛模型导出 DWG 格式的平立剖面。由于建筑造型的特殊，用普通的平立剖二维图形已无法表达建筑全貌，因此必须采取三维设计的方法。

犀牛软件是一款主要用于工业设计的软件，不但能够建出各种复杂形态的曲面，还能保证曲面数据的精确，并且能够与 Autocad 实现完全对接。我们在平时的设计中虽然也采用计算机辅助形态设计，但模型完全是依据平立剖二维数据建立的，只作为三维效果的参考。是否将三维计算机模型作为设计的出发点和依据，是二者的最大异同。

犀牛软件克服了我们常用的 3Dmax 软件建模的不精确，SKTECHUP 软件对复杂造型的力不从心以及 Autocad 三维建模过于简单的局限。基于计算机软件的精确的模型设计，使得复杂的建筑造型可以方便直观地在电脑中建造、编辑、修改，通过简单的命令，又可以快捷地输出 DWG 格式的平立剖，甚至透视、轴测等二维图形文件。

这种建全模的形式，使得建筑的内外、表里，每一个角落都一览无余，对于曲面物体，复杂部位的研究尤为方便，也使得建筑与结构等专业

讨论三维问题有了一个直观的、可以依赖的平台。

在实际运用中我们还发现，对于复杂形体的建模，仅仅通过拉伸、扭转、剪切，甚至几何定点控制是远远不够的，无法达到形体的自然，也无法方便精确地控制形体的边界数据。因此奥方建筑师运用了逻辑建模的手法，这种建模的过程类似于解析几何，将数据通过公式与几何曲线（面）联系起来，利用程序来使得形态更加可控可调、自动生成。因此，可以实现对曲面大量且有逻辑的创建。例如创建一种外立面的百叶，使其按照距离某一中心点的远近张开不同的角度，又比如按照既定高度，创建海螺形楼梯，并使得踏步数和休息平台的位置可以自由控制，又比如按照结构轴线自动生成结构构件等。

对建筑设计而言，这种解析几何式的建模手法，完全摒弃了以往完全基于美学意义的"好看"与"不好看"之间模糊的形态推敲，而是将自由形体与严谨的数学模型联系在一起，使自由造型由被动模拟变为主动创造。也使得一种认为"长期依赖电脑进行设计会使徒手思考退化"的论调有了一种新的解释，因为无论怎样推敲，这种符合数学逻辑的形态从本质上就是完美的。这种计算机化的设计过程，与其说是一种依赖，倒不如说是一种解放，对想象力的解放。

2 外部引用等 Autocad 高级命令在大规模协作绘图中的应用

大连国际会议中心在计算机应用上的另一特点就是 Autocad 大规模协作绘图。由于项目规模的庞大而复杂，已经使得单人单机各自为战的绘图方式相形见绌、漏洞百出。因此要快速有效地分工合作，必须有一个公共的平台，实现图纸的信息共享，实时更新。这也是我们在蓝天组所看到的操作模式，也是世界上大多数的设计公司所采用的模式。这就操作方式避免了以往单人画图；各自为战在管理上的混乱；在绘图表达上的随意；使得绘图效率得以提高。这就要求所有成员在统一的服务器上绘图，采用统一的 Autocad 制图标准，用外部引用（xref）方式分工合作。

此外，奥方建筑师对 Autocad 动态块、字段、Autolisp 语言的熟练应用也大大提高了绘图效率。这种对计算机软件功能的不断探索，是值得我们在工作中研究学习的。

二、造型设计的手法与过程

初入蓝天组在维也纳的办公室，便被大小不一、各式各样、各个阶段

的模型所吸引，而通过对其模型工作室形状各异的模型设备的参观，刷新了我们以往对"模型—建筑"的设计理念的认识。虽然在犀牛等三维软件中对形体的控制，大大解放了建筑师对造型的想象力，并且可以完整的展示一座建筑的全貌，但"相信实体模型而不是计算机模型"依然是奥方建筑师贯彻始终的设计原则。

在方案之初，他们就通过手工制作小比例的模型而不是通过"手绘"或"效果图"来推敲形态，进而通过三维扫描仪将成果模型扫描入计算机，并在软件里进一步优化建筑形态，再将电子模型输出给三维打印机或泡沫模型机等模型机器，得到实体模型。外形确定以后，则开始制作大比例的模型，讨论室内功能配置以及室内空间效果。对于局部的设计，例如表皮肌理，则制作相应的局部模型来推敲。每一个模型都服务于一个特定的目的。这种既强调手工设计的灵活性，又充分借助于计算机的精确性和便捷性，使建筑师能够借助科学的手段，使设计合理化、具体化、精确化。

三、设计理念与设计态度

在与奥方的合作中，我们深深地体会到奥方建筑师的严谨和理性，对设计问题具体而微的深究，对"完美"的孜孜不倦甚至是近乎偏执的追逐，这固然是与蓝天组建筑事务所的实验性、前卫性分不开。然而，抛开这种实验性带来的频繁修改，一种普遍的对于建筑的热情与追求植根于许多奥方建筑师心中，常常令我们这些建筑同行汗颜。前述对于计算机软件的熟练应用甚至二次开发和对于大量实体建筑模型的制作、研究，乃至对设计来往文件、会议记录等文档详尽细致的编写，无不渗透着这种严谨态度和理性思维。

由于工期紧迫，我们也忍不住抱怨奥方对方案频繁的修改，抛开工期的原因，客观的对比修改前后。我们又不禁感叹每一次的修改背后的深思熟虑，以及那种对项目认真负责的工作态度。

第一次与世界顶尖的先锋设计事务所合作，在新鲜感褪去之后，对双方的设计理念、设计手法、设计态度上的诸多差距都有了具体而感性的认知，也开始站在设计方法的角度去思考一个优秀作品的产生过程。在发现差距之后，如何从具体而微的细节中逐渐改进我们的设计方法和设计思路，则是本次合作的深意所在。

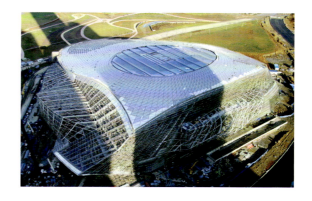

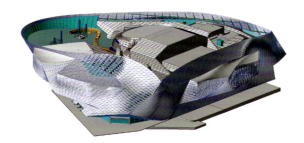

← 2001年 大连金石滩影视艺术中心

→ 2011年 大连生态科技城育明高中新
校区设计方案

← 2002年 辽宁沈阳友谊国际会议中心

→ 2008年 大连国际会议中心
2011年 大连生态科技城育明高中新
校区设计方案

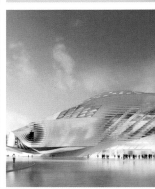

→ 2008年 晟华科技大厦
2004年 国家环保产业园区科技孵化
器办公楼
2004年 大连大学理学院

←
2003年 大连大学文学院
2005年 大连市经济技术开发区第十
高级中学
2010年 山西潞城文化中心

←
2005年 大连北方金融中心
2010年 大连国贸中心大厦

→
2011年 钻石湾B4地块

KANG KAI

康慨

1963 年出生
毕业于西安冶金建筑学院（现名：西安建筑科技大学）建筑系建筑学专业
现任沈阳都市建筑设计有限公司副总经理
高级建筑师、国家一级注册建筑师

1987 年 7 月至 1998 年 2 月在中国建筑东北设计研究院工作
1997 年加盟沈阳新大陆建筑设计有限公司，任副总经理
1998 年 2 月至 2000 年 10 月在沈阳新大陆建筑设计有限公司工作
2000 年创立沈阳都市建筑设计有限公司，任董事长，同年并购沈阳市第二建筑设计院，任院长
2007 年创立大连都城建筑设计有限公司，任董事长
2008 年创建 K8 建筑工作室，任"方丈"建筑师

NO!SHENYANG URABN ARCHITECTURE DESIGN INSTITUTE

NO! 沈阳都市建筑设计院

康慨对话张立峰

张立峰：现任沈阳都市建筑有限公司总经理，1990年硕士毕业于上海同济大学

张立峰：老康，你现在的生活和工作状态处于一种癫狂状态，我和医生交流过是典型的脑出血后遗症（2008 年 5 月 12 日康慨在上海因饮酒过量，突发脑室大量出血，昏迷 58 天），你病愈后先是到大连折腾分公司，然后你又横跨两地折腾工作室，你这状态像坐过山车，忽高忽低，都市设计 200 多人的公司犹如高速运转的精密仪器，哪经得起你这么折腾，生产还怎么进行？成熟的建筑师你一个也不能用，每年一个多亿的合同，生产不能说停就停了。

康慨：这些道理我都懂，在这疯狂的消费主义时代，没有市场以外的建筑师。但我们不能因为市场行为就忘记建筑师的职责和操守，建筑是一个民族文化传承的载体，建筑是一个时代的航标和历史的地标，大众关注的是建筑的表征，建筑师应该关注的是建筑背后的文化。建筑能不能有一个价值标准？它是金钱还是责任？有了这个判断你就会选择是拥抱还是远离这个名利场。在用人上我可以只用应届毕业生，在他们还没有金钱的压力和生活的窘迫之状态下能有鲜活的生命力与创造力，待他们思想成熟后何去何从我不会干预。

张立峰：你要注意你的言行，不要给都市设计造成负面影响，像上次在大连理工大学召开的辽宁省建筑师年会上你发言的题目居然是《珍爱设计生命，远离房地产开发》，我们现在半数以上的项目来自于房地产开发，你这不是砸自己的饭碗吗？

康慨：我主要是在表明一种态度，在商业文化背景下利益驱动，建筑学已快变成了市场营销学，卖相成为了建筑设计好与坏的评判标准。有了市场的捷径，建筑学变得廉价和庸俗，不再有文化的思考和社会的责任，变成思想上的侏儒，也就是改革开放 30 年，中国近 250 所建筑院校 30 年毕业生就培养不出来一个国际建筑大师的病因。

我们从同济大学毕业之后都放弃了在大城市发展的机会，不约而同的回到家乡，这是出于一种责任。去年在天津开会碰到天津华汇的周愷，他问我："老康，东北多穷啊你还能在那儿待住。"我跟他说："这叫守土有责，都去北京，上海了，东北谁建设啊。"周愷说："你那叫故土难离，守家在地，乡里乡亲不挨欺负，就出不来，标准农民。"我无言以对。你看周愷硬是凭一己之力带动天津建筑师集群开创了天津独特的地域新文化，上大学时你们都是大学生设计竞赛的获奖者，可今天你看差距多大呀，沈阳哪个建筑能代表区域文化，你哪个设计能代表你的学术水平。

这么多年我们在理想与现实之间摸爬滚打，分分合合，直到 2001 年你和我与尹旭东再次走到一起。那时我真正体会到风雨后的彩虹才是最美丽的，这回我们终于可以在一起探索建筑师生存之道，共同担负起振兴东北建筑文化之重任了。可事与愿违，我发现 2001 年那次和老郭分手的打击是你心中永远抹不去的阴影，觉得建筑设计不是"形而上"的生活理想，而是"形而下"的生存饭碗。忙碌还好可以忘记那个痛，一旦生活常态了就萎靡不振了，得过且过，不假思考，懒于创新，设计方案越来越通俗化，公司运营模式也越来越制度化。试想一个设计公司如不以制度创新和方案创意作为生存之本，何以立足于江湖，与你们合作思想上的分歧也是我另起炉灶的动因之一。

张立峰：我们是同龄人，《水浒传》是我们年幼时共同的阅读记忆，我觉得做公司就应像梁山好汉一样快意江湖，我们当头领的就像一根线，员工们个个是珍珠，我们的作用就是象宋江说的用这根线将兄弟们："如念珠之个个连牵。"

康慨：我更欣赏国外设计公司的运作模式，商业社会的基础就是建立在"契约精神"的基础之上，老板诚信，员工敬业。公司是一个平台，领导管理好公司，员工高效地完成工作。大家聚集到一起是来工作的，不是来造反的。上班了就要恪守职责，工作要认真高效，下班以后各有各的空间和生活方式，可以交往，也可以不相往来，尽享天伦之乐或是呼朋唤友把酒寻欢，各人有各人的喜好，互不干涉。我想跟你交朋友，但如果没有功利色彩你愿意和我交朋友吗？我反感虚情假意，更讨厌阳奉阴违，投机取巧，这也是我一发现这种苗头就暴跳如雷的原因。公司应该是阳光的、充满朝气的。这一点上我倒是苟同《水浒传》里招安前那种群豪打家劫舍的义气与豪情，不喜欢招安后宋江棉里藏针的阴柔。

LIAO RIVER ART MUSEUM
辽河美术馆

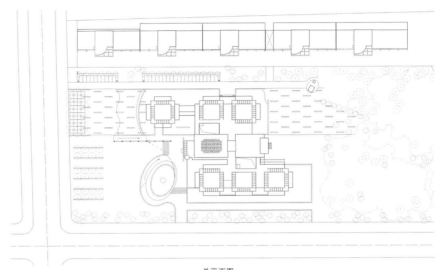

总平面图

项目名称：辽河美术馆
设计者：康慨、陆春生
设计类别：公共与展览建筑
建设地点：辽宁 盘锦
场地面积：5 700m²
建筑面积：11 300m²
建造时间：2003—2006 年

整个工程以内敛的传统中国庭院式的美术馆工程与开放的辽河文化广场组成。中心处以红山文化的"玉猪龙"玉雕作为整体建筑空间的图腾。两种空间的组合恰如上述两种文化的并置，并以"龙"符号作为相互沟通的语言。

美术馆包含着艺术展示空间，在享受内部空间和谐的同时，参观者可通过联系内外的环廊与坡道、庭院与天井欣赏到外部的自然环境。文化广场体现着与社会自然的渗透与联结，以硬质景观设计为主的文化广场，配有下沉集会广场与儿童嬉戏场地，提供多方位的市民活动空间，又可为大型室外展示提供了场所。以自由曲线形的"玉猪龙"中央广场作为过渡，拾阶而上便是建在水面上的美术馆，夜晚幽兰的反射灯光，使美术馆犹如漂浮在夜空中的冰山。刚柔相济，宁静优雅。

美术馆建筑以清水混凝土结合钢与玻璃作为外饰面材料，简洁大方，充分体现地域人文特征。建筑组合空间借鉴传统式园林空间加以体现外，屋顶处利用斜天窗采光，处理成民居坡顶的隐喻。努力使单一的建筑空间向深厚的文化品质升华。

室内建筑构件以铜、木材与清水混凝土结合，使清水混凝土这种中性介质产生了柔若绸缎的品性。铜板的运用又是对金戈铁马的游牧文化特征的诠释。建筑室内空间的联结与过渡均以光线设计来控制节奏。通过展厅空间的封闭与过渡空间的开放，以及一束束的天光的流淌，让参观者体会光线的变幻与光影的律动。在1200m的展线布置上，采光基本上以洗墙的自然光作为主照射光，便于还原艺术品的原色彩，并最大可能节省能源。

A BAPTISM OF LIAO RIVER CULTURE

一次辽河文化的洗礼

——辽河美术馆设计

张立峰、康慨

2004 年，通过竞赛我们成为辽河美术馆的设计者，随后我们从日常大量的居住园区、商业建筑的设计工作中沉静下来，开始了踏勘现场，平面功能分析组合和总体规划等设计前期工作。

美术馆功能的单一性使我们的注意力更多地放在建筑所体现的文化精神上。我们因此收集了大量的历史文化资料，如何体现区域建筑文化的概念；如何使建筑具有独特的个性与品格；如何传承历史、人文精神；如何与自然及社会环境相融合，成为我们关注的要点。

辽河美术馆从设计到建成投入使用的过程，对我们来说的确是经历了一次文化上的洗礼，这就是在中华民族文明史上巍然屹立 1300 多年的辽河文化。辽河流域地跨辽宁、吉林、内蒙古东部、河北北部四省区，总面积达 34.5 万平方公里，历史空间比传统中华文明史还早一千年，是对中原文化有极大影响的地方。

辽河流域西逾松漠、北连沙漠、东控鸭绿、南临溟渤，地理位置冲要，自然条件良好。自古以来就是东北这块黑土地上文化最先进、经济最富庶的地域。它既是中国东北边陲的战略要地，又是东北各民族联系中原的桥梁；既是历代中原王朝经营东北的基地，又是中原文化与东北文化碰撞融会之所，其政治、经济、文化、地理、军事地位的重要性被历代王朝所重视。

辽河民族都是在采集、渔猎、游牧、农耕的社会经济生活中发展起来的。这意味着他们在适应生存环境时，由于季节分明的气候形成了节奏鲜明的习俗和爱憎分明的性格；他们在获取生存资源时，造就了勇敢、剽悍、刚毅的性格；他们在结交生存伙伴时，豪爽、大度、坦率、热情；他们在追逐生存空间时，流动奔放、拼搏进取。

辽河文化既不是从行政范围也不是从一般的地域范畴来演绎文化，而是强调特定的辽河流域给人类缔造了怎样的物质生活和精神生活。辽河文化具有明显的早发性、很强的兼容性、卓越的独创性、持续的向心性、不断的超越性。研究辽河文化的意义在于强化中华文化多元化的内涵，指出它是怎样不断激浊扬清、克服腐败、增加生机的；在于强调辽河文化给中华文化的叠加，其对于中原文化不是简单的吸收，而是积极的影响。历史上每一次辽河流域民族的南下，对原有中原文化都是一次净化。净化它的萎靡、疲软、奢侈、怯懦、虚伪；带来强健、豪爽、刚直、勇敢，给中华文化注入强健的生机。

改革开放以来，人们往往认为东北是新时期建筑文化的蛮荒之地，没

有什么建筑理论大家和经典作品，历史上曾经的辉煌已成为过眼云烟。其实不然，毕竟东北还是有一大批努力工作的建筑师和建筑教育工作者。中国的建筑师，特别是东北的建筑师，其生存环境较之南方，甚至西北要更为恶劣。除去气候地理、民族习惯的影响，落后的材料与工艺、粗糙的施工、苛刻的设计工期、滞后的城市设计，使我们想有所作为而无法作为。我们的地域和城市正在逐渐丧失其个性，所谓国际化的建筑文化蜂拥而至，迫使我们在夹缝中生存。好在近年来大环境在改变，国家对东北地区的开放战略也在提升。世界经济、信息、文化的发展，为城市的发展带来了新的生机，也给我们建筑师带来机遇。我们离开国营设计院走上民营设计公司的道路已有逾十年的时间，始终没有放弃的是保持我们设计的个性。作为东北人，首先关注我们本土的建筑文化，而不是对外来建筑文化的强势入侵无动于衷，放任所谓国际大潮淹没我们的文化和精神。辽河美术馆的设计也确实使我们重新检讨、反思我们的设计之路，潜藏在心中的那份激情又重迸发出来，使我们能在一片浮躁的设计界中保持一份清醒，抛弃片面追求形式与时髦的虚浮，以一种踏实、质朴、平和的心态来探讨、研究建筑文化本质的意义。

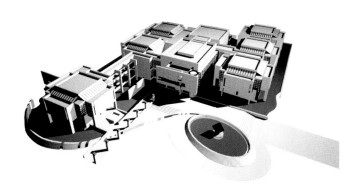

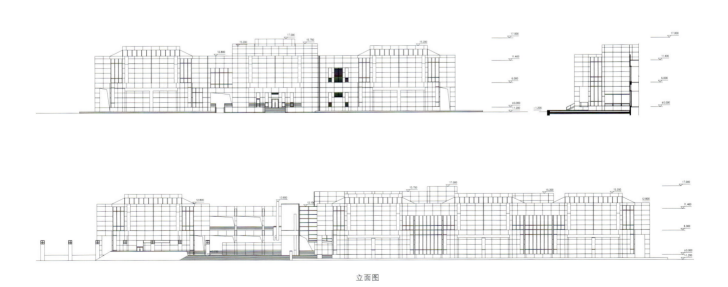

立面图

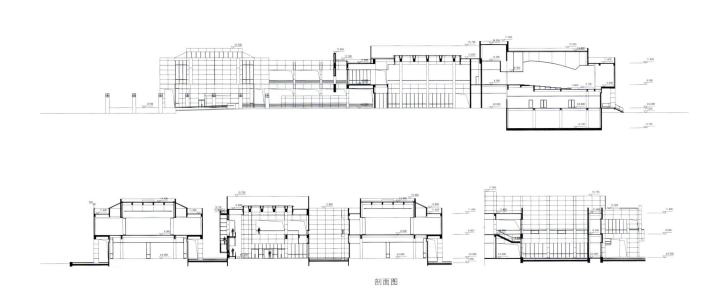

剖面图

在地理上为辽河出海口的石油新城——盘锦，恰恰在历史上又与远古时期红山文化一脉相承。历史与地域、时间与空间上的交叉，促使当地政府决策在兴隆台区建设辽河文化产业园。作为辽河文化的坐标，以弘扬民族文化，抵御国际化大潮中各民族文化个性的逐渐丧失。

辽河美术馆是文化产业园的灵魂。美术馆由国内知名的艺术大家和评论家组成的艺术顾问支撑，以收藏、展示、研究、学术交流为主要内容，以艺术发展规律为重，保证文化产业园的艺术方向和品位。

总平面设计包括辽河美术馆及文化广场的设计。美术馆与文化广场统一规划，使其成为以美术馆为主体的一个兼容各类文化活动的市民场所。在广场和美术馆北侧是规划建设中的二层商网，可配套为美术馆及广场服务。美术馆主入口设在西侧，面向广场，从文化广场和兴隆台大街均能到达主入口；美术馆工作人员出入口设在东侧；展品进出口设在北侧。美术馆四周近乎落在浅水体中，使建筑与周围环境之间若即若离，而且不同角度，建筑的倒影使建筑的艺术范围陡然增加了。

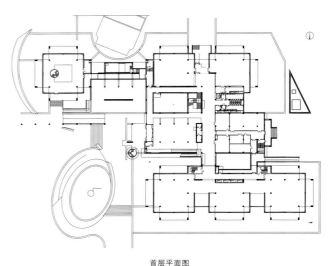

首层平面图

整个工程以内敛的传统中国庭院式的美术馆工程与开放的辽河文化广场组成，展厅单元平面组合由"九宫格"演化而来，统一中均衡变化。中心处以红山文化的中华第一龙"玉猪龙"玉雕作为整体建筑空间的图腾。两种空间的组合恰如上述两种文化——内敛传统与开放扩张并置，并以"龙"的符号作为相互沟通的语言与连接的纽带。

美术馆包含着艺术展示空间，在享受内部空间和谐的同时，参观者可通过联系内外的环廊与坡道，庭院与天井欣赏到外部的自然环境。文化广场的设计突出了以辽河流域文化融汇北方文化的自然历史特点。以向心汇聚的几何构图来暗喻这种文化精神，向心布置的水道代表各种文化，在其上镌刻上历史背景与人文民俗，为游人提供了解辽河文化的底蕴，同时也是一种纪念形式。弧形的水面是海洋的象征，中间的平台可用作室外演出舞台。美术馆与广场相互成一角度，提供了广场多元化的空间氛围，避免了中心感过强带来的纪念性。文化广场体现着与社会自然与人文的渗透与交融，以硬质景观设计为主的文化广场，配有下沉集会广场与儿童嬉戏场地，提供多方位的市民活动空间的同时，又可为大型室外展示提供了场所。以自由曲线形的"玉猪龙"中央广场作为过渡，拾阶而上便是建在水面上的美术馆，夜晚幽兰的反射灯光，使美术馆犹如浮在夜空中的冰山，刚柔相济，宁静优雅。

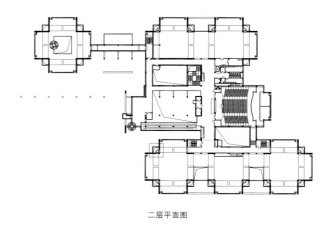

二层平面图

美术馆主体建筑以清水混凝土结合钢与玻璃作为外饰面材料，简洁大方、以实为主、拙中藏巧，注重空间的流动与穿插，充分体现地域人

辽河画院

美术作品展

主办单位　辽河画院
展览时间　二零零七年六月六日—六月二十日

文特征。作为东北地区第一座清水混凝土建筑，在材料的选择上我们研究了很长时间，涂料、面砖、石材、幕墙，都不足以体现质朴、刚劲，又充满个性的品质。中国传统建筑中的坡屋顶具有极强的文化特征，反曲向阳的曲线、装饰的处理，无不体现着传统文化中自然宇宙观和文化精神。我们在建筑的屋顶转角处理成斜屋面窗，既满足使用功能的要求，也隐含着对传统建筑坡屋顶意象的传承。努力使单一的建筑空间向深厚的文化品质升华，赋予更多的意义。

美术馆由入口大厅、展区、藏画区、研究室、报告厅及技术设备和办公用房组成。入口大厅通高两层，参观者参观展览的流线以大厅为中心展开。大厅的二层回廊亦可布置画作，使参观者在休息移动的同时均能感到艺术的存在。展区分别布置在大厅两侧，一、二层共分为5个区域，各区可独立布置，也可通过竖向与水平交通统为一体。其中的民俗展区相对独立，作为美术展区的一个系列，延伸到辽河文化广场，既作为美术馆功能的外延，又是文化广场的主题展馆。藏画区、研究室及办公管理均设在一层大厅的后部相对静谧的区域，与参观人流互不交叉干扰。报告厅功能全面，设有同声传译、照明及声学控制、休息室等辅助功能，可以满足一般国际性会议要求。美术馆辅助的技术设备用房均统一设在地下室，既方便统一管理，又减少对上述各功能区域的干扰及污染。

室内建筑构件以铜、木材与清水混凝土相结合，使清水混凝土这种中性介质产生了柔若绸缎的品质。铜板的运用又是对金戈铁马的游牧文化特征的诠释。建筑室内空间的联结与过渡均以光线设计来控制节奏，通过展厅空间的封闭与过渡空间的开放，以及一束束的天光的流淌，让参观者体会光线的变幻与光影的律动。在长达1200m的展线布置上，采光基本上以洗墙的自然光作为主照射光，便于还原艺术品的原色彩，并最大可能节省能源，辽河美术馆以原生态形式如辽河儿女的宗庙般屹立在百川交汇的辽河入海口。

在城市文化日益多元化的今天，人们逐渐丧失社会公共道德与民族自尊，所幸还有同道者唤醒愚昧，传播文明。盘锦兴隆台区建设的这座辽河文化的"宗庙"——辽河美术馆，倡导了体现和谐的社会文化教育体系，以此弘扬传统文化精神，唤醒国民的自强意识，功盖千秋。亦使我们在这个设计过程中，沐浴了辽河文化的洗礼，升华了作为东北人的自尊与自信。感谢辽河美术馆让我们的激情与智慧如金戈铁马，大漠秋风，得以释放，得以贲张。

HELLO! DALIAN URBAN ARCHITEC-TURE DESIGN COMPANY LTD

Hello! 大连都城建筑设计有限公司

康慨对话王强

王强：现任大连都城建筑设计有限公司总经理，2004年硕士毕业于沈阳建筑大学

王强：偶然机遇与康总结识，之后怀着久违的激情加入了大连都城设计。作为东北地区最大的民营设计公司的全资子公司的管理者，上任以来对都市设计有了更深的了解，同时也有些许困惑。我感动于都城设计一群意气风发的青年建筑师在老大的带领下拥有的那种励精图治、奋发向上的精神，他们用本色的演出与狂热执著的态度使建筑文化回归本原、回归思想。面对高速发展的城市更新，面对急功近利的商业社会，有点乌托邦式的幻想，但也略有成绩，虽任重道远，但值得期待。

康慨：说到偶然，大连都城就是一个偶然，公司前身是旅顺"蓝天下"项目的现场设计组。我几乎每年都有在大连的项目，前年央视播放的大连城市宣传片片头是我们设计的软件园、片尾也是我们设计的东软信息学院，可以说我们用建筑印证了大连的经济腾飞过程。2008年底王珏介绍了一群当地对建筑设计有狂热追求的年轻建筑师与我相识。我当时也被他们对地域建筑文化的探索精神、对传统文化被国际化侵袭与淹没的忧患意识所感动。经过多次交流与对话，决定各路豪杰与都市设计"蓝天下"项目组汇聚在一起，打造一支探索东北建筑文化的青年建筑师近卫军，于2009年底正式挂牌成立了大连都城建筑设计有限公司。

当时为公司起名时还有一段插曲，因为"都市设计"在当地已被注册，所以改名为"都城设计"，汉语字面意思接近，英语就不同了，叫 Urban Design 还是 Capital City Design 争论不休。后来我说：既然要探索民族文化，就不要用英语语境翻译，应该用汉语语境翻译，就叫 Du City 也就和我们初衷吻合了，也表达了我们对民族文化的自信与青春精神的张扬。

王强：经过十年的苦心经营，沈阳都市设计已经发展到了200多人规模的民营设计企业，所有的生产经营与项目运作都走上了良性发展的轨道，按说你完全可以停下来享受光辉成果，怎么又重打锣鼓创建大连都城设计，是天生骨子里爱折腾？还是想沉下心对建筑有个更深层次的思考，以实现自身价值？

康慨：你说的这两种情况都有吧！搞艺术的有句话，"如果你失去童心将一事无成"。正因为你对未知世界的好奇才吸引你不断地探索，不断地追寻。这也就是那么多建筑大师并不都是学建筑学的，却又在建筑领域取得伟大成就的原因吧，柯布西耶、高迪、安藤忠雄、库哈斯都是因为对建筑世界的好奇与皈依，终生追求，终成正果。我想浅尝辄止，临渊羡鱼，也是中国出不来世界级建筑师的原因之一吧。以为学建筑学的就一定是建筑师就跟认为学美术的就一定是艺术家。建筑学只是

让你打开了进入建筑空间的大门，"一花一世界"，建筑就是宇宙，你穷其一生去探索都未必弄得明白。这也就是哲学家维根斯坦说的："你觉得哲学很难吗？你要是一个建筑师你就会觉得哲学是多么的通俗易懂"。建筑让你越探索越浑沌，越研究越迷惘，像黑洞吸引你穿越时空走向未来。这可能就是你说的聊发少年狂吧。

我们处在一个没有梦想，没有信仰的时代，如果一个人没有精神力量的支撑，是成就不了什么事业的。我幸运地将建筑作为我的信仰，所有的一切都围绕着它，所有的力量都取之于它，就能够战胜一切困难，驶向梦想的彼岸。不以物喜，不以己悲，昂首挺胸，气定神闲，充实着自我也如你所说实现着自我。

每个建筑师都梦想着有自己的工作室，按着自己的意愿描绘心中理想的蓝图。我为这梦想付出的代价太高，但我乐在其中，苦也不觉得累。我一毕业就老老实实在东北院趴了十年图板，算是把工程做成研究明白了吧。当然其间也为东北院盘活了一个青岛分院，由于产值过高，分院长成为利益争夺焦点，我成了是非旋涡中心点，厌烦了人浮于事。随后我辞职到民企新大陆公司打工，使公司扭亏为盈步入正轨，财大气粗的老板觉得我功大盖主，处处制约。我一气之下自创都市设计，又赶上国家整顿建筑市场停发执照，不得已收购了第二设计院变成了院长，总算是改制完成，历经十年使都市设计走上正轨。由于东北经济文化落后，创意不值一分钱，我只有靠画工程施工图赚钱来养活近200人的综合甲级设计企业，每天忙于商务应酬和工程事务，又迷失了自我。这十多年我把国企、民企、设计院、公司的院长、董事长、建筑师、总经理、打工仔、老板统统干了一遍，无怨无悔！什么是最理想的建筑师生存空间？什么是建筑师最理想的生活方式？甘苦心知！30多人的都城设计是可控的最好之工作室规模，有了沈阳都市公司的支撑，大连都城设计可发挥的空间就无限了，进可攻退可守，没有包袱，轻装上阵。核心竞争力有了，剩下就是怎么尽快提高都城设计人员的思想素质和技术水平了，借用经济学一句术语就是如何发挥边际效应，实际上今年已初见端倪，30多人的公司合同额已超过6000万，这一切是所有辛勤劳作的员工用心血换来的，预示着大连都城的前景一片光明，我对都城设计的未来充满信心。

王强：对行业规则的信守，对客户的郑重承诺，对市场机遇的发现与把握，对专业的不断创新和超越，是大连都城面对未来的不变追求。这是我对大连都城设计公司管理理念和公司运营的服务宗旨。您对未来公司商业运作模式和企业文化培育与主题成长还有什么建议和要求吗？

康慨：有点理想主义了，在当下商业社会唯一不变的就是变化，真正做到追求不变，我心依旧，那就要培养定力与心境了。"境由心生"是每个建筑师美好心灵的修炼，只有培育了美好的心灵才会修炼出高尚的心境；只有具备了高尚的心境才能去感知并设计美好的环境；只有在美好的环境中才能提炼出附着文化基因的物境；只有携带文化基因的物境才能结晶为至纯的意境；也只有至纯的意境方能转化为至上的画境。我不是在这绕口令，这也算是建筑师的五项修炼吧。如果把这五项修炼定位于文化精神，那么具体商业操作就要遵循"守正出奇"，你就会在千变万化中，永远立于不败之地，"人间正道是沧桑"嘛。所以我主张变化中求生存，反对以不变应万变。作为建筑师，设计应该像灵魂一样附着在生活之上，不应该把设计和生活割裂开，如果将设计附着在生活上快乐无比，您要将生活附着在设计上则苦海无涯。因为设计是建筑师安身立命的物质与精神的双重支柱，无论如何都要面对。

王强："授人以鱼不如授人以渔。"作为老大哥或过来人，您有责任和义务为社会培养一批有追求有素质的职业建筑师。我期待您带领我们在都城设计这个平台上以前卫的姿态对当代建筑进行有益实践，改变我们的浮躁心理，树立正确的创作思想，带领我们在创意领域进行文化上的突围，通过我们的创作实践让更多的人看到城市的未来和区域建筑文化发展的方向。

康慨：要解决建筑设计的方式方法问题，首先要解决创作的思想问题，香港的学者李允龢先生写了一本书《华夏意匠》，"匠"就是建造房屋的方式，属形而下的物质手段；"意"就是营造建筑的方法，属形而上的思想方法。我们现在做设计过多关注"匠"，而忽略了"意"。一着手设计方案就是新技术、新材料、新工艺，首先就跑到方式上去了。原因就是脑子里原有这类建筑的视觉残留，原型已有就剩表面材料的拼贴了，而不是从气候、地理、文化、习俗等方法上考虑问题，所以方案根本就站不住脚更不用说创造空间与环境了。

王强：在您看来民营企业对人才逐渐有了更大吸引力，根源在哪？相比国营企业优势在哪？

康慨：优美的情境能培育人的灵性，优裕的环境也能窒息人的灵魂，温室里培养不出参天大树，慵懒萎靡的享乐生活怎能培养出来睿智的建筑师？商业文明的背景孕育出宗教般圣洁的灵魂和完美的人格，这也是我对当前建筑师行业状态的焦虑与担忧，所以都城设计在取得商业上的成功后就对本行业的文化培育和区域文化的建设承担应尽的义务与责任。本着创建青年建筑师摇篮的目标，针对痴迷于为建筑师职业的狂热小众营造一个温馨的家园，也为振兴建筑文化和区域文化冷藏一批优良的种子。当这个社会厌倦了商业狂欢回归到文化的高雅与宁静时，这批种子也就生根发芽了，虽有点乌托邦，但意义重大。

再谈谈我们目前建筑师生存状态的危机，就先从两个我们熟悉的名词来看看当下中国建筑师的生活状态：一是设计，二是设计院。

第一个名词是"设计"，中文的"设计"可比英文的 Design 含义丰富多了，所谓"设计"，便是人为的安排，相当于上述所言"意"。韩非子解释"设"曰："势必于自然，则无为言于势矣。吾所谓势者，言人之所设也。"而"计"，便是计划、谋略。而 Design 仅仅是把一个物件外形美观、功能合理地做好，相当于上述所言"匠"，怎么做？如何做？为什么做？统统不在考虑范围内。

第二个名词是"设计院"。"设计院"是中国特有的一种体制。1949 年刚刚解放时，中国社会从以农耕文化为特征的封建社会直接进入到工业社会，大批农民进城直接变成了产业工人，急需大量住宅及公共服务设施。而过去中国的住房以木构为主，没有受过任何教育的农民根本不懂如何工业化建房，所以国家组织一批文化素质略高的技术人员成立设计院，集中给农民讲解工业化建房的构造与工艺（相当于现在施工单位的技术科），这种体制一直延续到现在。随着工业化程度的提高，建筑材料与技术的进步，现代建筑建造方法已由工业革命的早期框架体系发展为空间体系，设计自由度已发生了翻天覆地的变化。建筑设计本来是精神层面的事业，人们对家园的梦想永远是充满想象美妙绝伦的，建筑师的发挥空间是无垠的。我们都清楚目前城市建设是标准化的住宅建设居多，而一套住宅的施工图完全可以利用计算机软件自动生成，为什么还要组织成千上万的设计师反反复复画图？社会主义体制模型就是"人人有饭吃，人人有活干"。他动辄几千人的规模使文化创意与先进技术陷入人民战争的汪洋大海，生存压力使我们只好迁就这种游戏规则，你没有这个庞大的"设计院"队伍，就没有进入设计市场的通行证。我用了十年时间打造都市设计公司就是建立一个生存平台来使有梦想的建筑师能不迫于社会与经济的压力坦然进行建筑文化的探索。今天平台建设终于成功，我们这些对建筑有宗教情结和美好梦想的建筑师终于可以在自己家的屋檐下宁静地思考和宁谧地实践了，这就是都城设计的核心竞争力与优势。创意领先和文化建构结合规模化生产就是我们在市场竞争中立于不败之地的法宝，也是一个建筑师实现自己梦想的理想模型。

PUBLIC SERUICE PLATFORM OF CONTEMPORARY ART INDUSTRIAL BASE OF ORIGINALITY, SONGZHUANG BÉIJING

北京宋庄当代艺术原创产业基地公共服务平台

项目名称：北京宋庄当代艺术原创产业基地
公共服务平台
设计者：康慨、金大勇、李宇
设计类别：公共与展览建筑
建设地点：北京 通州
场地面积：12 234m²
建筑面积：12 770m²
建造时间：2008—2011 年

北京宋庄当代艺术原创产业基地公共服务平台位于宋庄创意产业区中。作为一个未来服务于宋庄的公共艺术平台，方案在规划上将展示交流、图书馆、媒体中心、IDC 等功能用房在垂直方向上叠加，并试图最有效地使用地块，尽可能多地在这个拥挤的城市地段提供开放的城市公共空间，使外部空间与平台内部空间共同结合成真正的市民活动中心。

围绕建筑基本轮廓的外墙敞开一条开放的徒步之旅，使人们聚集于此，从而提供最大的交流机会。服务平台在垂直方向上被夹在各种公共功能之间，并且允许在不同的使用功能之间有视觉和空间上的渗透，使展览、交流、媒体和办公等多种活动可以同时在建筑的不同部位发生，并以此编织成崭新的尝试聚落形式。

方案在设计上力求建立建筑与街道、建筑与城市之间的良好关系。同时，这种临街封闭然而内部中空的建筑方式与中国传统城市院落式的格局以及用简单形体构造丰富空间的传统建筑精髓也极为吻合。

一系列虚拟的园和院在空间上构成了充满活力、跟随天光变化的空间元素穿插、跳跃，在不同标高，并融到室内空间，使室内不再需要过多的雕琢。它们使整栋建筑在一张统一的外皮后蕴藏了无数的文化生机。

建筑设计理念旨在创造一个空间、一个场所，意味着设定或取消界限，而界限是两个世界、两个空间、两种物质的交汇。概念设计中通过折叠从外部无机的创造出界面变化，重新塑造了丰富多样性空间。松弛的建筑外表皮不再叙述并解释内部功能下的结构。相反，它表达了折叠自身运动中的统一性，给建筑空间带来了紧张与松弛、压缩与膨胀、连续与断裂、集中与消散等多种微妙感受。

服务平台建筑设计其实也是一个互动的流动设计，视线目标不是固化在某一点上。因此，视线

是不断移动的。不管是街上行人还是坐在屋里的观者，视线不断地跳跃于室内与室外之间，场景在不停地转化，静态的简单盒子是很难有所作为的。由此引申行者和观者不是在抽象的空间之中，而是在有自然光与景的空间之中。因此，许许多多院落、天井、室外露台、悬挂在外的空间甚至包括连续变化的坡屋面等有序地拼贴成一个完整的视线和逻辑的流程。在这种拼贴过程中，材料起着重要的作用。能与自然相容并具有时间维度的材料。如混凝土、青砖、原木、青石板条、玻璃、金属板等，它们在和谐的对比中能相互融合，使行者和观者在三点透视的游弋中，眼帘中总有有趣的东西。最终与宋庄文化内涵、形式和功能上得到统一。

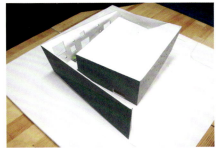

THE ADVENTURE AND LIMITATION IN CONTEMPORARY ARCHITECTURAL EXPERIMENT

建筑创作的当下实验性与当代时限性

——北京宋庄当代艺术原创产业基地公共服务平台（CAD）建筑创作札记

康慨

一、轻浮的时尚 艳俗的世象

改革开放 30 年，中国经济总量以神奇的发展速度跃居世界第二位，这个丰硕成果的取得益于改革开放之初振兴国家经济战略定位于制度创新与优先发展高科技产业。纵观人类社会发展历程，每一次科技进步都会带来经济的飞速发展，而判断一个国家综合实力的标准除了经济指标外，更为重要的是文化建设的厚度。文化是一个国家软实力的表征，科技进步与文化振兴历来是国富民强的双擎推动力。我国目前文化事业的建设跟不上经济高速增长的步伐，精神文明建设远远滞后于物质文明建设。

二、商业文化背景下泛滥成灾的美国文化

如果将一个社会比作广阔无垠的大海，物质文明的发展就像层层泛起的浪花，是显性的，垂直递进一目了然的，浪奔浪涌难免沉渣泛起，泡沫四溢；而精神文明的建设有如回旋往复的潮汐，是隐性的、水平旋转暗藏玄机的，潮起潮落势必摧枯拉朽，荡涤乾坤。

上世纪日本轻工业行业迅猛发展，优质的电子产品行销全球，大和民族自信心空前高涨，狂妄地喊出了"产品无国界"。规划着在全球经济一体化的时代背景下创立"商业帝国"的蓝图。而美国恰恰利用了这种民族心理的狭隘自大，发动汇率战争"四两拨千斤"，使日本的财富积累一夜之间化为乌有。世纪末日本人发出哀叹："为美国辛辛苦苦打了 30 年的长工，连工钱都没付。"他们直至今日还沉睡在"失去的 10 年"的循环噩梦之中，由此可见技术与贸易的赢家不一定是真正的赢家。

对于当代文化的梳理，我们应本着科学务实的态度，"法古而不泥古"，清除以往"厚古薄今"的陈腐观念，解放思想、轻装上阵。我们常常背负厚重历史文化的包袱嘲笑美国"好莱坞"娱乐文化的肤浅，殊不知在水银泻地般的商业文化背景下以"美国梦"为理想社会模式的美国商业娱乐文化已超越包括曾经拥有四大文明古国美誉的任何一个国家和民族的文化，话题已不轻松，现实非常严峻。

欧洲各国在取得工业革命的全面胜利后，房地产政策实行的是工业模式的标准化与统一化。隶属于意识形态的生活方式的改变与发展，如果用物质文明手段加以制约和套用，就使整个国家国民失去竞争意识与奋斗精神，失去了对美好家园的高尚追求的原动力与物质文化发展的进取心，这是欧洲各国完败于美国的重要根源。我国目前学习借鉴美国房地产市场繁荣刺激经济发展的经验取得了成功，赢得了经济强国的第二把交椅，实属来之不易，这块石头算是摸对了。

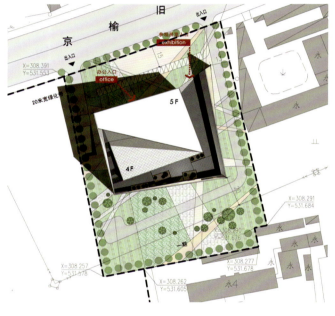

总平面图

三、中国当下实验性建筑设计的泛滥与危害

由于与国计民生息息相关的房地产市场的膨胀发展，中国成了世界建筑市场的试验场，而处在中国建设风口浪尖的中国建筑师稀里糊涂地成了时代的弄潮儿。由于我们面对突如其来的经济大潮，没有足够强大的民族自信心的建立与自主创新意识形态的培育。尚处于对全球经济一体化浪潮的懵懂认知过程中，就被醍醐灌顶的各种思潮洗脑，晚期现代主义的、后现代主义的、新古典主义的、结构主义的；更有文化学、句法学、非线性语言、参数化设计等不着边际的方法论，被冠以各种主义倾销而来。由于没有新建筑文化的建构与社会文化的粗浅，每个单体建筑都被限定要新奇、要成为地标，适应这种新潮的各种方式方法未经消化就被拿来实验一遍。没有文化支点、没有统一规划使我们的城市变得光怪陆离、支离破碎，使我们的家园变成了一片文化废墟。原来严整完备而统一的社会体制和文化形态，受到了外来文化的强烈冲击，而中国人自己也第一次开始质疑心中原来一代代建构起来的文化理想之合理性，目标和方向发生位漂移。在这种隐身与显现的混杂和交叠的缝隙中，中国建筑设计之路的探索左突右冲，显现出纷繁复杂的矛盾与多元化的格局和态势。我们丢失了建构契合中国人生活方式空间的方式方法，又丧失了营造美好家园的愿望与梦想、失去了自身的文化基因，向往西方国家的文化幻境，陷入陌生的文化围城，徒唤奈何！困难还远不止这些，商品经济的广泛推行，必然要求资本的全球运作，也就必然使中国绑了在了全球经济一体化这架马车上，建筑、艺术、自然也就在自我内部解放的使命外增加了与世界其他文化进行博弈沟通的角色。

寻找、创造和使用解决中国当代建筑艺术难题的方式方法，最终不能取代对建筑艺术内在的精神品质的追求。正面地、建设性地预见中国建筑艺术应当传递给受众的内核，将传统文化中合理的诉求用当代建筑语言进行转化，从而服务于理想家园那种人与自然、社会和谐共生境界的营造和建构，这才是中国当代建筑师应该秉赋的理想与职业操守。如何正确看待建筑艺术与社会政治，建筑艺术与商品化，建筑艺术本土化与建筑艺术全球化，是中国建筑界亟待解决也正在解决的三大课题，也是作为第三世界的中国建筑师，观念落后于手法的建筑艺术创作在近 30 年所经历和面临的困境和问题。

四、当代永恒性建筑应当诞生在当下实验性建筑废墟之上

我们今天讨论中国当代建筑艺术首先应该理清何为当下建筑？何为当代建筑？当下建筑是目前社会世象，而当代建筑是记录时代精神的丰碑，不能用当下建筑的奇技淫巧偷换概念以当代建筑一言以蔽之。在传统文化与民族精神缺失的今天，在中国已沦为国际建筑实验场的当

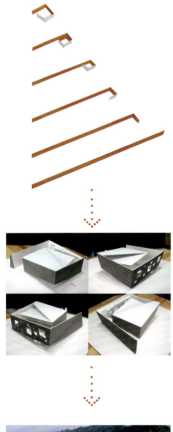

概念演变

下，建筑与城市已丧失民族性与地域性，趋从于国际化，你还能说当下实验型建筑是当代建筑吗？丧失自强的民族精神与自主的创新意识，建筑师将变成为欧美各国文化侵略的傀儡和帮凶。我们这个国家将在另一个标高上重新沦为殖民地。因此我们提出当代建筑的时限性，应该在当下建筑实验中加强文化上的思考和时代精神的萃取，不能总是用实验性来掩饰文化上的苍白与创意上的空白。短期实验应附加文化思考，长期实践应具备民族精神及永恒力量，方能建构起无愧于民族与时代的当代建筑。

五、宋庄当代艺术集群的前世与今生

北京是中国经济与文化中心，北京的新城市建设也是中国三十年改革开放的缩影，伴随着中国经济地位的快速提升，北京在成为世界经济中心的同时也必将成为世界文化中心。有史以来人们对美好家园的梦想一是对未知世界的幻想与编织，二是对传统生活方式的怀念与留恋，都市里的村庄就是这种理想的乌托邦。北京的一村（中关村，代表科技硬实力）一庄（宋庄，代表文化软实力）被喻为北京未来经济快速增长的双驱动力。北京市政府清醒地认识到这一点，在突破古城限高与首都风貌建设东三环 CBD（Central Business District 商业中心）后投巨资建设东六环 CAD（Central Art District 艺术中心），以通州宋庄画家村为核心点建设北京当代原创艺术产业基地公共服务平台，旨在汇聚艺术资源，大力推动文化产业。打造文化建设的一面精神旗帜，宋庄被历史推到了引领中国文化意识形态的前沿。

20 世纪 80 年代中国经历着摆脱计划经济，涌向市场经济的社会转型期，改革开放的同时带来了文化精神领域的自主解放。到了 20 世纪 90 年代初期，出现了以方力钧、刘炜、宋永红、岳敏君为代表的一批圆明园画家。在〝当代艺术教父〞栗宪庭的引领下，他们以启蒙、理性的人文关怀为基本创作理念，借助绘画语言的大胆革新，呈现出自由、独立、富于想象、精于反思、个性突出的精神面貌和灵魂狂欢。由于美国以当代艺术作为文化启蒙原点，这些当代艺术家率先解读了美 z 国文化精髓，〝玩世写实主义〞是他们共有的旗帜，以泼皮的、怪异的、夸张的、嘲讽的人物形象，为观者带来另类的审美经验。他们把纷繁复杂的当下社会世象与百年沧桑的民族形象高度凝练成一种文化符号，这种与美国文化不谋而合的艺术观念的确立牵引着中国当代艺术跃居世界文化前沿。

由于制度的误解和社会的排斥，他们从圆明园开始颠沛流离的生活，陆陆续续地齐聚京郊通州宋庄，宋庄宽容地接纳了他们，这里目前已聚集 6000 多名各类艺术家，他们与土地和村民紧密地结合为一体，艺

宋庄美术馆

艺术家工作室

和静园美术馆

现存建筑
建设用地

宁静的宋庄

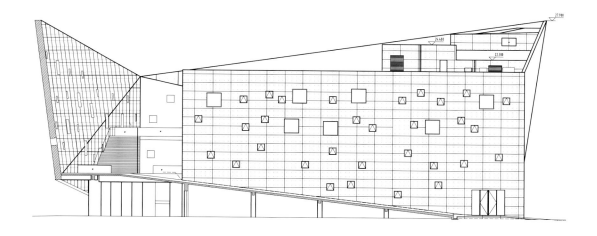

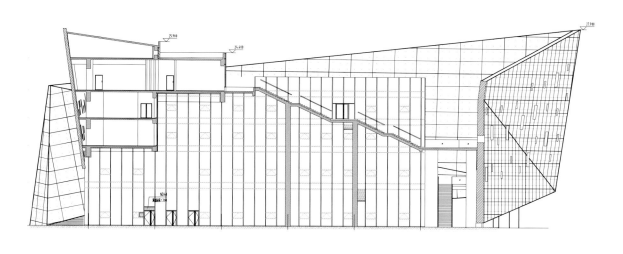

剖面图

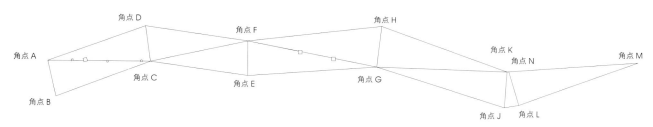

清水混凝土外墙角点定位示意图

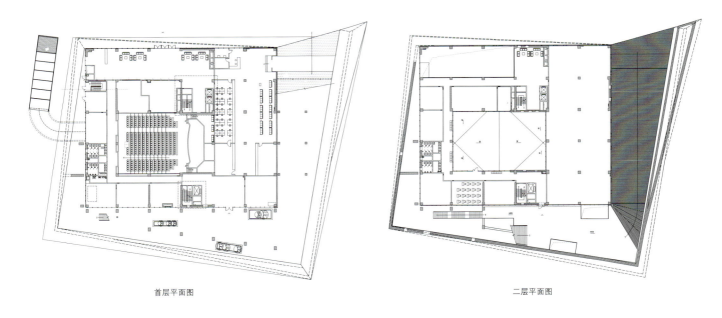

首层平面图   二层平面图

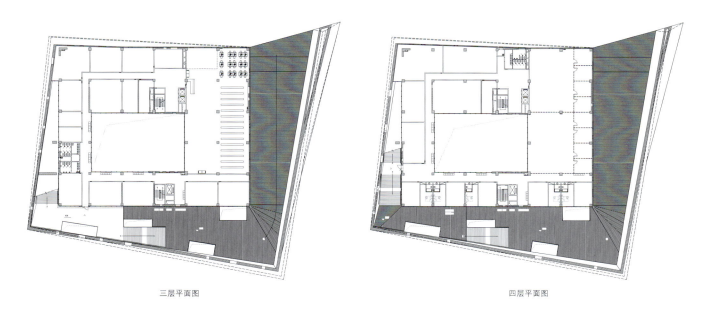

三层平面图   四层平面图

术家们不再装扮愤青，也不萎靡沉沦，一颗颗思想的果实成熟于暴风骤雨的谢幕。由于宋庄区域位置的边缘化，艺术家们将其喻为法国的巴比松，美国的曼哈顿东区。这里的空气更清新，这里的思想更开放，这里的生活更自由。宋庄成为特定历史时期一部分有着相同生存经验和生活经历的人的试验场与栖息地，这里不是世俗意义上的世外桃源，而是艺术家思想观念的升华和心理完善的精神乐园。

经过近30年的氤氲与沉淀，这里的艺术观念前卫性与田园生活的传统性渐渐被厌倦都市商业文明的市民所接受，艺术家对事业的执着与对美好生活的渴望凝聚成一种精神的核心力量在传播、在发扬光大，感染着村民也感动着社会。政府意识到文化是一种新兴产业的源动力，以建设公共服务设施及提供居住用地对艺术家进行精神上的抚慰与自身情感上的救赎，宋庄变得和谐祥瑞了，政府一再加强服务意识，也就有了宋庄公共服务平台的兴建与实施。伴随着平台的建立，混杂着商业文化与传统文化气息的新文化精神就此沉淀与发酵，亦将酿造出一种新时代背景下的新文化模式。

六、当代艺术服务平台的解构和建构与当代建筑文化的启蒙和建立

项目既是政府行为的通融与服务意识的体现，建筑物主体形象就努力表达一种"仁者乐山"的胸怀。设计方案由原来建筑师抑或政府投资者作为空间的叙事者转换为艺术家及使用者，将建筑方案转译为另一种可能性的语言体系，使艺术家拥有对空间及其意义建构中的叙述权利，进而来有效地建构服务平台的社会文化意义。我们以宋庄艺术促进会主楼为核心，将剥离的墙体折线绕缠主体建筑的方式体现中国空间的院墙关系。各个功能主体沿环状坡道层层跌落、螺旋而下，大尺度的墙体皱褶迎着耀眼的阳光向空中无限伸展。由于底层架空，建筑主体宛如一座晶莹的冰山漂浮在大地上。幻化出一个犹如憨态可掬的"不倒翁"之模糊而晃动的影像，消解其庄严与刻板的传统形式转化为宽厚而亲民的形象。

由于服务平台功能包含了艺术促进会、图书馆、拍卖行、画廊、网站、会议中心等多项公共服务功能。设计首先想到的是真正做到以人为本，利用中国围合空间的手法，将建筑外围空间以折线型墙体围合封闭，照顾北京地区冬季寒冷夏季炎热的气候特征。在墙体与主体建筑之间设层层跌落的院子，使各个功能空间既围绕中央核心筒垂直联系又借助外围错落的院子形成各自独立的单元。墙体留出大大小小的孔洞对光线与风向进行重新梳理与设计，真正做到了冬暖夏凉，打造了具有中国情调的序列空间。屋顶平台的过渡与室内公共使用房间紧密相连，内外互通，提供给百姓全天候的公共服务活动空间，而北侧面向广场

的政府入口平实朴素、简练通达，充分体现政府形象的低调与务实精神。其次想到的是树立当代艺术中心的形象，以诙谐的山寨语言借助长城八达岭烽火台绵延展开的墙体的总体形象通俗地演绎了中国围合封闭的农耕文化之家园形象，真实地记录了当下建筑师左顾右盼的创作状态。

现代工业文明的特征是把人们的现行生活秩序、商品、建筑、宣传媒介纳入到一定的格式当中，以几何和数理的方式划定和梳理人的行为和思想，而人的存在和社会角色的赋予，也是被一个时代所规划好了的，属于一种机械的重复和荒诞的产物，这也是当代艺术家所抵制与批判的。因此设计的切入点是打破这种体裁限定的模式，从中国传统场域的精神上来建构丰富的建筑空间。中国建筑空间追求的是"空"，中国文化艺术的最高境界为"寂"。"千山鸟飞绝，万径人踪灭，孤舟蓑笠翁，独钓寒江雪"是这种空间意境的精确描述。作为为艺术家服务的建筑空间更应捕捉与艺术家心灵沟通的意境，真实表达艺术家真诚质朴的胸怀与淡泊宁静的情操。建筑的外墙采用清水混凝土结构，地面采用素色防腐木，透明玻璃砖楼梯栏板，建筑材料处处消隐虚化，力图提供光影跳跃的舞台与微风拂过的通道，借助空间气场的营造与其场景气氛的渲染，完成建筑师空间想象的身份职能，摆脱传统意义上质疑建筑自身生命力存在的肤浅理解，使观者意识回归到剔除了建筑形象的联想与隐喻之后的真实状态。

七、寻找永恒的中国当代建筑之道

宋代画家郭熙在《林泉高致》中用"可望、可即、可游、可居"来表现山水画的诗意。服务平台借鉴这种浪漫意向，营造一种诗意的空间，追求与艺术家心灵的紧密接触，建构一个放飞思想与抚慰心灵的栖居之地。通过对建筑空间的抽离、集散、叠加、重构等一系列空间组合方法清晰地表述当代艺术中心（CAD）的人文思想与场所精神之空间寓意。创造一种"空镜头"的场景，如果场景决定情景的生成，那么场景便有其独立存在的意义和价值，主体之外的景观环境自身也就具有潜在的叙述感，恒久的支撑性和隐匿的控制力。空幻的通道杂陈着斑驳的光影，蜿蜒的路径转换着高墙的嶙峋；在剔除习惯空间与商业环境的真实性经验之后，以新的心理经验和视觉体验重现，给人以人去楼空的复杂感触。那种空旷的、苍茫的、凝重的、沉寂的场景的浮现，被转换为更加开放的视角，便是另外的认知：对原有公共空间的经典场景与商业空间娱乐经验的质疑。凡能永恒的，或许只是人之外的没有生命的群体——那也许就是建筑！

CHENGDU NEUSOFT INSTITUTE OF INFORMATION

成都东软信息学院

项目名称：成都东软信息学院
设计者：康慨、顾全衡
设计类别：教育类建筑
建设地点：四川 都江堰
基地面积：395 057m²
建筑面积：161 136m²
建造时间：2002 年

总体布局

信息学院二期工程主要包括2# 教学楼、2# 学生公寓、2# 学生食堂。园区总体设计采用网络式布局，各部分及独立又统一，满足分期建设，可持续发展的要求。

建筑设计

1、设计构思

网络式布局，统一之中求变化；可持续发展，满足分期建设需求；建筑室内外空间人性化设计。

2、平面设计

教学楼分区设置，功能相互独立，之间以连廊相连，统一在高塔之下，形成丰富的现代塔院空间。食堂各使用功能围绕中庭布置。学生公寓楼为 "E" 字形布局，各部分联系紧密，可分可合，提供了多种使用的可能性。

3、立面设计

建筑以片墙、坡顶、条窗为主要构图元素，以页岩、白涂料、红色涂料及灰瓦为主要材料，构成了既与当地文脉相结合，又个性鲜明的建筑形象。

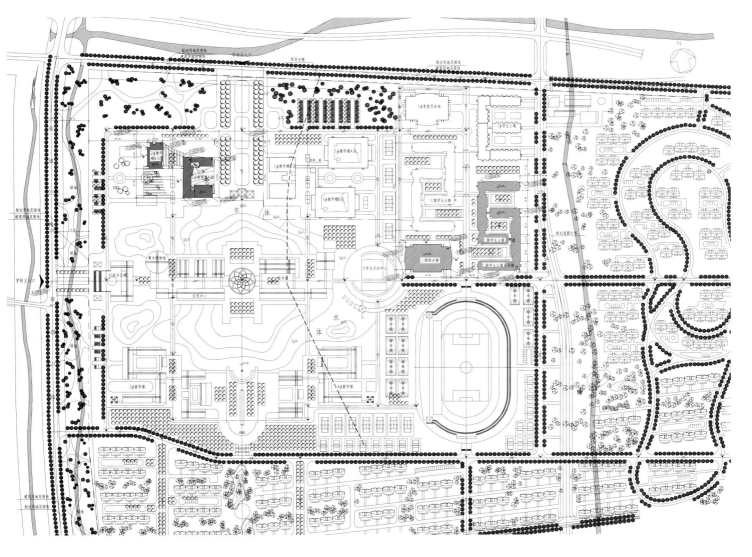

总平面图

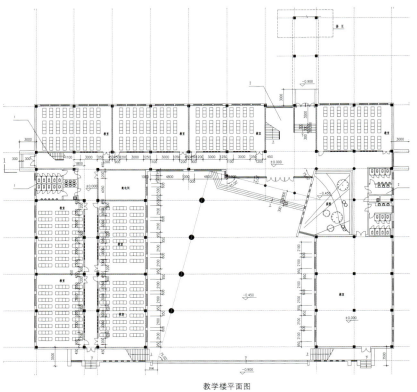

教学楼平面图

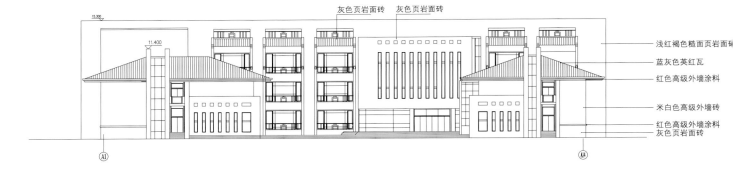

灰色页岩面砖　灰色页岩面砖

浅红褐色糙面页岩面砖

蓝灰色英红瓦

红色高级外墙涂料

米白色高级外墙砖

红色高级外墙涂料
灰色页岩面砖

教学楼立面图

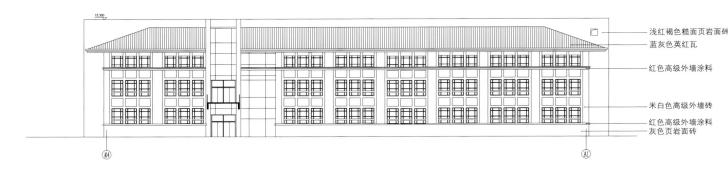

浅红褐色糙面页岩面砖

蓝灰色英红瓦

红色高级外墙涂料

米白色高级外墙砖

红色高级外墙涂料

灰色页岩面砖

教学楼立面图

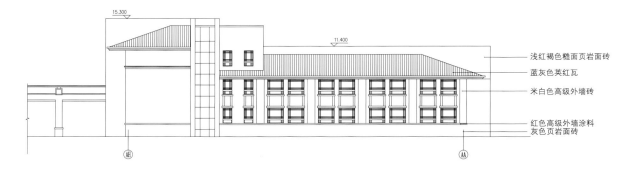

浅红褐色糙面页岩面砖

蓝灰色英红瓦

米白色高级外墙砖

红色高级外墙涂料
灰色页岩面砖

教学楼立面图

CHENGDU NEUSOFT
SOFTWARE PARK

成都东软软件园

项目名称：成都东软软件园
设计者：康慨、顾全衡、肖勇
设计类别：教育类建筑
建设地点：四川 都江堰
基地面积：395 057m²
建筑面积：161 136m²
建造时间：2002 年

本项目位于青城山脚下，采用二、三层的建筑体量，街道和庭院相结合的总体布局，单体借鉴地方建筑元素及材料，力求在融于地方自然历史景观环境的同时，创造一处和谐、生态、自然的教学、办公环境。

H.J.Y ART MUSEUM

和静园美术馆

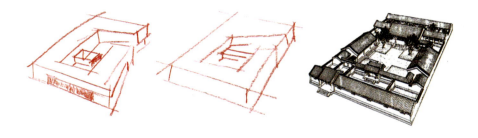

项目名称：和静园美术馆
设计者：康慨、汪江
设计类别：私人美术馆
建设地点：北京 通州
场地面积：3 142m²
设计时间：2006 年
完成时间：2008 年

和静园当代艺术馆位于北京东郊通州区"画家村"——宋庄。宋庄以中国当代艺术家集聚地而闻名遐迩，其城乡结合部的地理位置恰如中国当代艺术在主流文化与边缘文化间的尴尬区位。

以系统收藏当代艺术的绘画、雕塑、装置、影像而享誉文化艺术界的业主深深浸染于中国传统文人的生活理想。他梦想的生活范本是一个传统中国院落式居住空间与一个开放、现代的公共美术馆空间。他希望在此与朋友能尽情享受笔墨琴瑟的风雅，与艺术界同仁能海阔天空、阳春白雪地探索人类心灵、现实世界与生存状态的问题。

建筑设计方案立足于消隐建筑的形式意义，凸显出业主的生活梦想与艺术品深刻的内涵与思想。设计面临传统与现代、艺术与生活、理想与现实、公共空间与私密空间、物理空间与意识空间等诸多并置、冲突、矛盾的问题。处理如此复杂的要素，与其寻找各个要素间的关联，毋宁回溯到建筑基本要素之间的关系，即比例、尺度、表皮、空间、光线、色彩等，强调设计因素与客观真实性之间的转换。在现实与超现实、形象与概念之间有一种无穷无尽的相互关联，一种从形式转变为不拘形式的无限尺度。

艺术馆为上下两层布置，底层为北京传统的四合院格局。居住空间入口设在南面东侧，前庭后院、堂舍廊厅均强调蓝天荷塘、碧树顽石的交融关系，忽略建筑形式的存在，仅留一个仿古的中堂作为叙事性主题。由东侧公共入口沿斜坡楼梯向上进入二层展厅。封闭幽深的"回"字形展廊空间辗转闭合，仅留墙边的洗墙天光为展品提供最佳显色性。柔和的天光沿着用以展示绘画作品的大片矩形白色墙面自然流动向前，尽端的雕塑展厅向上昂起，面向东侧的池塘敞开视野。

通过对空间的竖向界定，居住空间的传统内敛与展览空间的流动开放上下并置，在形态上融为一体。而它们在空间概念上却背道而驰、各自独立。建筑外立面为一次浇铸成功的清水混凝土，呈现出坚实沉稳、清雅孤傲的建筑形象，辨而不华，质而不俚。

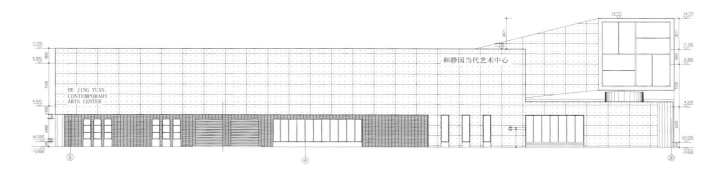

南立面图

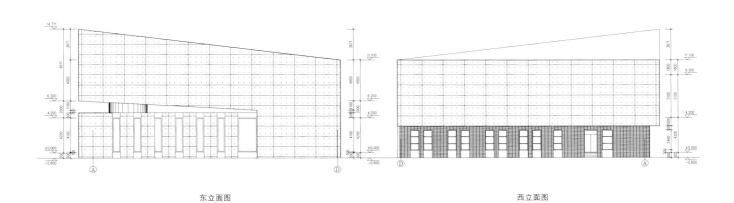

东立面图   西立面图

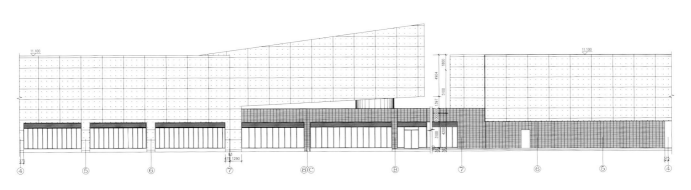

北立面图

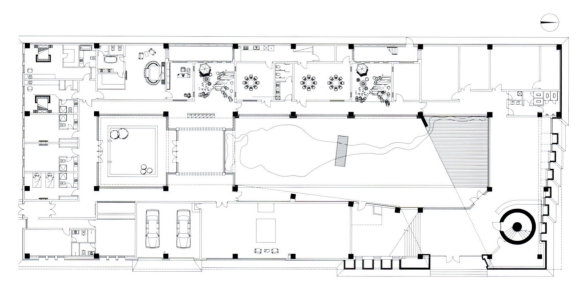

首层平面图

ENTRANCE OF HUANREN COUNTY EAST-TO-WEST DRINKING WATER DIVERSION PROJECT

桓仁县东水西调饮水工程入口

项目名称：桓仁县东水西调饮水工程入口
设计者：康慨、顾全衡
设计类别：构筑物
建设地点：辽宁 桓仁
建筑面积：6 000m²
设计时间：2007 年

上善若水，水善利万物而不争，处众人之所恶，故几于道。

辽宁省内，东起桓仁，西泽抚顺、本溪、沈阳、辽阳、鞍山、营口、大连七城市"东水西调"引水工程。本案为桓仁引水口构筑物设计。

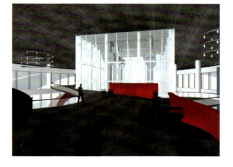

PANJIN FOLK ARTS MUSEUM

盘锦民俗博物馆

项目名称：盘锦民俗博物馆
设计者：康慨、孙书江、李国勋
设计类别：博物馆
建设地点：辽宁 盘锦
建筑面积：35 000m²
设计时间：2007 年

伴随着辽河美术馆开馆举办的全国第六届小幅油画展的空前成功以及盛大举行建国六十周年水粉及水彩画展后，美术馆以其专业的展陈设施与动线设计赢得专家及公众的好评，被誉为文化部下属第八大美术馆，也是东北地区唯一的专业美术馆。盘锦这个仅仅建市二十周年的新兴石油城在文化建设上因此一跃成为全国的表率。一片赞誉声中盘锦市政府决定在此基础上加大文化产业的投资力度，兴建以美术馆为核心的文化中心，在美术馆场地东侧兴建民间收藏博物馆。

有别于其他城市的博物馆，盘锦市建市历史较短，地理上又属于辽河流域冲积平原，典型的湿地地貌。文物及藏品几乎是零。它依靠石油产业的腾飞，市民人均收入居全省之首，真正体现了"藏富于民"，民间收藏蓬勃发展，政府引导相对落后。经济的快速发展与之带来的国富民强必然促进文化事业的迅速跟进，而事实上文化事业的发展远远落后于前者，反映了文博界的那句俗语："藏品官方不如民间，鉴定专业不如业余。"面对现实，盘锦市政府决定借力辽河流域的红山文化，形成代表区域文化特色的文化中心，铸造城市之魂，投资建设辽河民间收藏博物馆，将人类共同的历史文化遗产取之于民还惠于民。

有鉴于此，建筑设计方案打破常规的殿堂式布局，变成独立灵活格局但又有公共动线联结的散落式格局。而整体城市设计立足弘扬区域文化特征，作为孕育中华儿女的第四条母亲河，她不像长江黄河围绕着气势磅礴，奔腾不息；而是涓涓细流，滋润大地，脉接山海。新建博物馆紧依城市辽河的支流——螃蟹沟与美术馆隔河相望，围绕螃蟹沟整治河道形成水上广场链接两馆。再生城市生态，恢复湿地地貌，堤岸种植芦苇及碱草，为蜚声全国的盘锦河蟹以及白鹤提供一个自然生态的天堂。

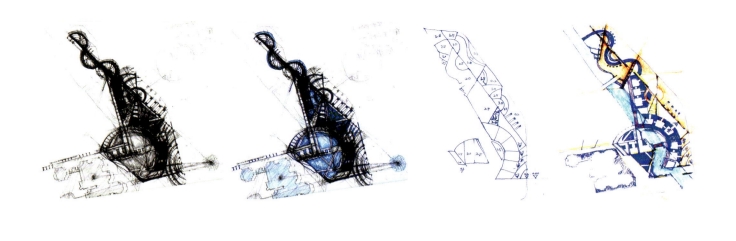

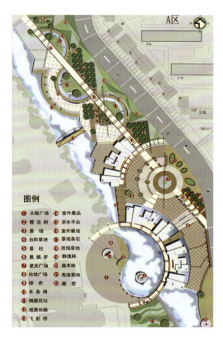

A区

图例

① 太极广场　⑭ 室外展品
② 樱花树　　⑮ 亲水平台
③ 景境　　　⑯ 室外展墙
④ 台阶草地　⑰ 景观条石
⑤ 景柱　　　⑱ 折线草地
⑥ 袁鞶罗　　⑲ 静逸林
⑦ 星光广场　⑳ 森木林
⑧ 台址广场　㉑ 海浪草地
⑨ 银杏　　　㉒ 雕塑
⑩ 木条椅
⑪ 椭圆花坛
⑫ 观景长廊
⑬ 飞虹桥

LUSHUN MARITIME CENTER

旅顺航运中心

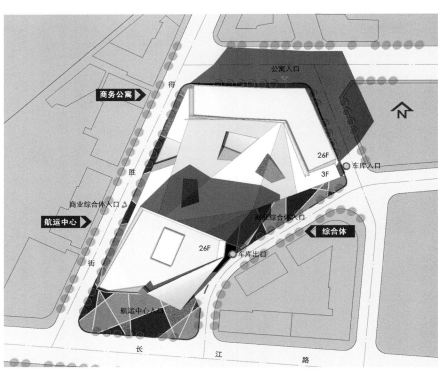

总平面图

项目名称：旅顺航运中心
设计者：康慨、金大勇
建设地点：辽宁 旅顺
场地面积：94 500m²
建筑面积：92 745m²
设计时间：2007 年

旅顺口区位于辽东半岛最南端，属大连市辖区，位于大连市最西部，三面环海。东临黄海、西涉渤海，南与山东半岛隔海相望，北依大连，距大连市区 45 000m。境内的老铁山是黄、渤海的天然分界处。南与山东，西与天津，东与朝鲜隔海相望。总面积 50 680ha，人口 21 万，海岸线长 168 700m。有举世闻名的天然不冻旅顺港。

旅顺是一个滨海历史名城不仅有天然优美的海洋风光，还有"半部近代史"，也是一个重要的军事基地。港口条件好，具备发展临港工业的条件。旅顺口区物流业的快速发展已成为航运中心的组合港；石油化工、装备制造、造船以及软件与电子信息等产业的逐步发展壮大，使旅顺口区具备极其良好的发展机遇和前景。

旅顺航运的办公中心正坐落于旅顺港的北部，其南临长江路，西接得胜街。中心以发展自己，服务大众为核心，建成之后将为东北地区及旅顺口区提供多方面的服务。

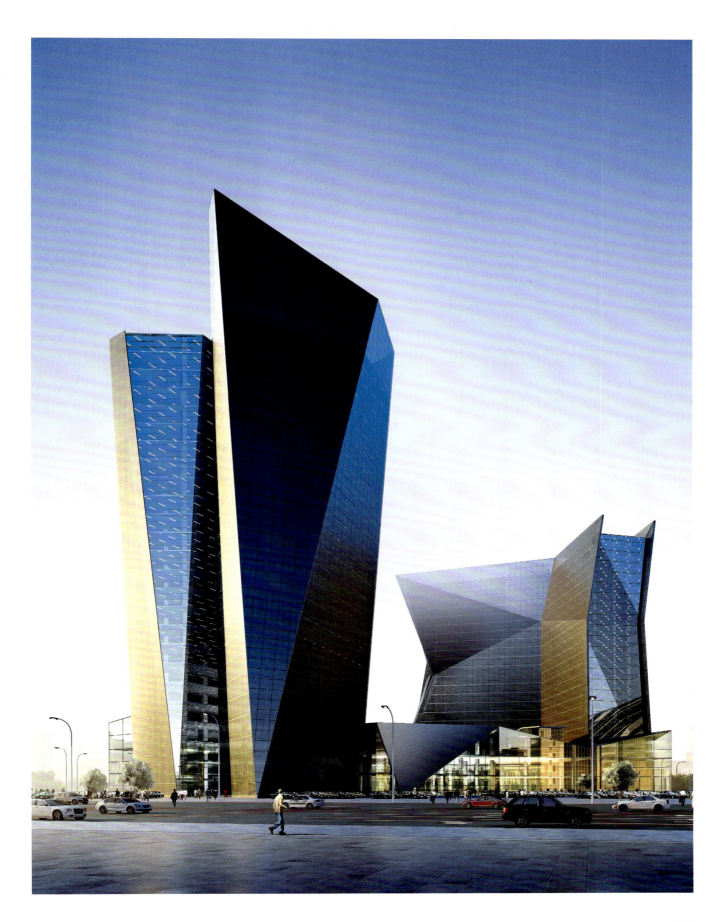

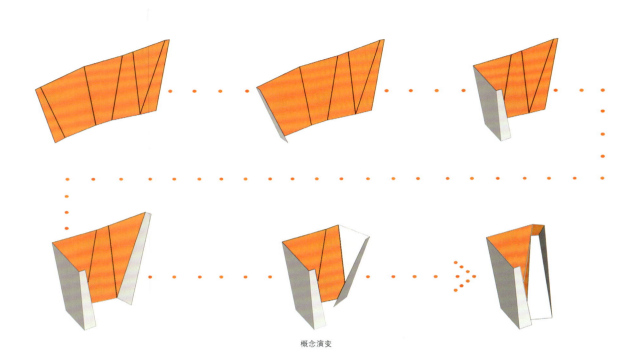

概念演变

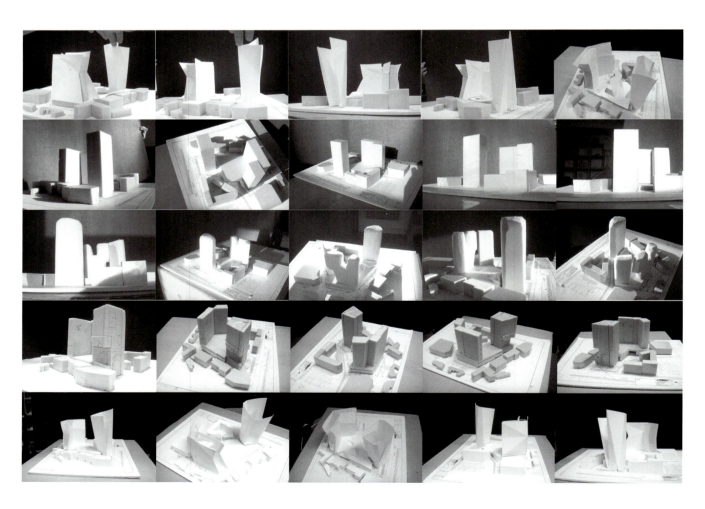

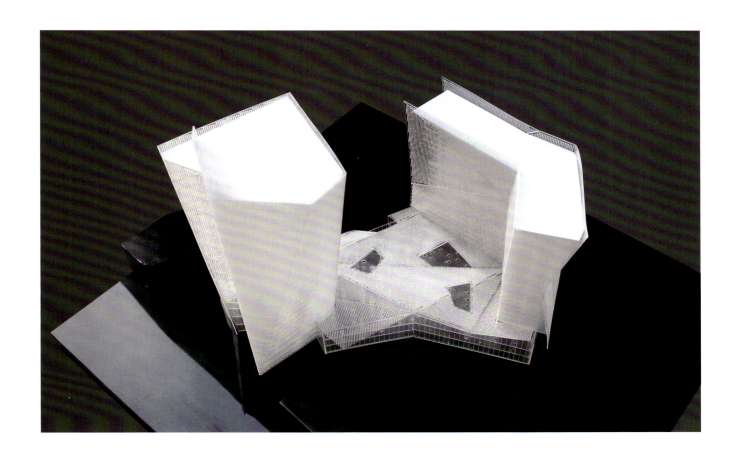

四 层 +15.00
建筑面积 1001.16m²

五 层 +18.60
建筑面积 1037.01m²

六 层 +22.20
建筑面积 1072.09m²

七 层 +25.80
建筑面积 1106.54m²

八 层 +29.40
建筑面积 1139.67m²

九 层 +33.00
建筑面积 1172.78m²

十 层 +36.60
建筑面积 1204.82m²

十 一 层 +40.20
建筑面积 1236.09m²

十 二 层 +43.80
建筑面积 1266.61m²

十 三 层 +47.40
建筑面积 1296.36m²

十 四 层 +51.00
建筑面积 1325.34m²

十 五 层 +54.60
建筑面积 1353.58m²

十 六 层 +58.20
建筑面积 1381.03m²

十 七 层 +61.80
建筑面积 1407.75m²

十 八 层 +65.40
建筑面积 1433.69m²

十 九 层 +69.00
建筑面积 1458.86m²

二 十 层 +72.60
建筑面积 1483.28m²

二 十 一 层 +76.20
建筑面积 1506.93m²

二 十 二 层 +79.80
建筑面积 1529.81m²

二 十 三 层 +83.40
建筑面积 1551.94m²

二 十 四 层 +87.00
建筑面积 1573.30m²

二 十 五 层 +90.60
建筑面积 1593.90m²

二 十 六 层 +94.20
建筑面积 1613.73m²

屋 顶 层 +97.80
建筑面积 190.92m²

OVERALL DESIGN OF PANJIN WETLAND WATERSIDE SPRING CITY

盘锦水榭春城湿地公园总体设计

总平面图

项目名称：盘锦水榭春城湿地公园总体设计
设计者：康慨、肖勇、李巍山、史振宇
设计类别：生态湿地公园设计
建设地点：辽宁 盘锦
场地面积：26.145ha
设计时间：2009 年

本案位于双台子区和兴隆台区交界处，两区湿地相隔，发展不均，导致整个城市商业散布、无大型中心性商业圈。

因此，本案处于两区之间的城市用地上，若合理开发，不仅能够成为连接两区的纽带、促进城市发展，而且面向著名的盘锦湿地，还有助于丰富市民生活、发展旅游经济，有利于城市经济转型发展。

PANJIN TIANLI HOTEL

盘锦天力酒店

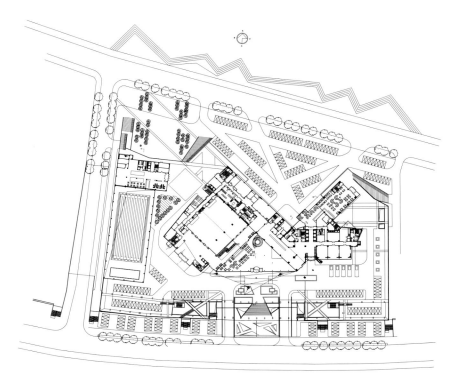

首层平面图

项目名称：盘锦天力酒店
设计者：康慨、顾全衡、徐晓黎
设计团队：曾玉峰、荆延武
设计类别：五星级酒店
建设地点：辽宁 盘锦
场地面积：11 882.5m²
建筑面积：105 000m²
建造时间：2010 年 10 月至今

本五星级酒店坐落在盘锦市优美的湿地公园带之中，北侧临湖，南有辽河，可以说该酒店四周都有着优美的景色。为了能够将景色尽收，使人们在各种空间内都有与自然对话的切身感受，建筑师将重要的使用空间进行整合，如餐厅、会议中心以及高级套房等都面向该地块中景色最为瑰丽的一面。

建筑师期望用建筑作为画框，将美景直接引入室内，使美景成为建筑的重要组成部分。与人的心灵交汇，在这里得到升华，形成一幅流动的水墨山水画。借此为建筑注入生命和灵魂。

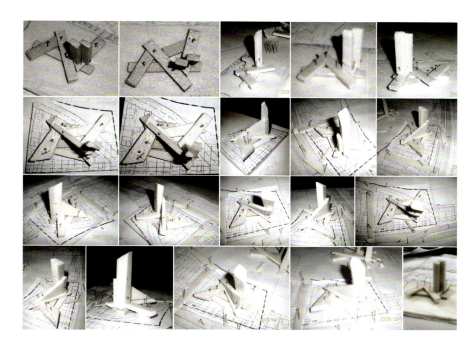

INTERNATIONAL CERAMIC CULTURAL AND CREATIVE INDUSTRY PARK IN FAKU

法库国际陶艺文化创意产业园区

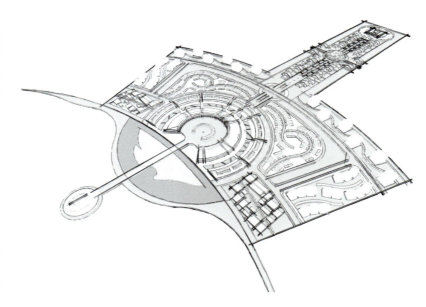

项目名称：法库国际陶艺文化创意产业园区
设计者：康慨、董博
设计类别：创意产业园
建设地点：辽宁 法库
基地面积：330 000m²
建筑面积：220 000m²
设计时间：2011 年 8 月

该项目依托独有的资源优势以及具有深厚底蕴的红山文化和辽代陶瓷艺术，"东北瓷都"法库与国际陶艺协会合作建立以国际陶瓷村为核心的文化创意产业园区。

法库国际陶艺文化创意产业园区是以国际陶艺村的品位对产业进行战略定位，以现代陶艺为核心脉络；以优质环境和国际交流为特色基础；以'泛陶艺'文化产业为根本支撑的国际性、生态化、文化型的"红山文化发源地，世界陶瓷新中心"。

这个生产型社区不仅仅有很多富有深文化底蕴的陶瓷，同时也有很多精美典雅的比较"大众化"的瓷器，结合本地的别墅区，既可以让各国的大师无论是工作还是休闲生活都可以沉浸在烧陶乐趣中的同时，有可以满足很多来这里休闲度假的陶瓷爱好者，即便是为了放松而来的普通人，也可以为了美化家居环境选一些个性十足的瓷器。

陶艺村提供了一个可以让各种人群都认识陶瓷、了解陶瓷、关注陶瓷、熟悉陶瓷甚至是喜爱上陶瓷的地点，也为世界各国大师打造了一个沟通交流的理想平台。

YES! K8 ARCHITECTURE STUDIO

Yes! K8 建筑工作室

康慨王雷对话

王雷，现任都市k8建筑师工作室主持建筑师，2007年本科毕业于沈阳工业大学

王雷： 先介绍一下我主持了三年的 k8 建筑工作室，字面含义就是 Kangkai 与 "80 后" 年轻建筑师同甘共苦的工作室，其真实含义有三，其一，" kiss or kill , this is a question"。我们当下处于一个商业文化背景下，我们的身心是妥协、拥抱还是拒绝、封杀商业文明，这是建筑师的立场和态度问题。其二，建筑是人与自然的界面与通道，恰如我们喜欢的台球运动里的 "黑 8" 球，他是你通向胜利的过渡球。其三，康总对我们建筑设计方案要求的苛刻与严酷及工程设计管理上的严格与冷酷是又爱又恨，私下里我们都称呼工作室为 "酷吧"。建筑像一个黑洞一样吸摄着我们的理智与情感，"路漫漫其修远"，尽管在这行进的道路上荆棘丛生，但我们愿意追随那点点星光成为这路上蝺蝺前行的苦行僧。今天我想和您对话建筑、城市—真实的城市与它的环境、文化、历史、空间等诸多问题。

康慨： 都市设计在辽宁省科技馆办公时你们工作室是 208 室，那天你鬼头鬼脑地跟我说：我们决定叫 K8 工作室了，我还以为是 Cool 8 呢，后来你说是 K8，没想到还隐含了这么多层面的向度和维度，难得你们对建筑有如此狂热的追求与如此纯净的梦想。因为我们处于一个充满了太多谎言与欺骗的时代。在这种蒙昧与愚弄的背景下，我们慢慢学会了误读与解读，像吞食转基因食品一样，它虽然畸形与病态但让我们在懂懂与警醒中成长起来了。拿破仑说："中国是个沉睡的睡狮，一旦觉醒，全世界都会为之震动，" 大学毕业了才读到后半句："感谢上帝，让它沉睡吧。" 刚一读到全句时是痛恨控制语音和语义的译者，欺骗了我十多年，后来想如果全文翻译了我们还有激情和信心唱着 "昏睡百年，国人渐已醒" 的《振兴中华》吗？得感谢这个翻译让中华民族励精图治，奋发向上，在短短 30 年就让这个羸弱的民族忽忽悠悠地变成 "富" 老二了。

我今天还想用 "误读" 的惯性思维来对话你提出的问题。先从伊塔洛·卡尔维诺的《看不见的城市》谈起。城市是什么？它包括多少和哪些维度？在这些维度之间所存在的是什么属性的关系，我们抽丝剥茧地 "分解" 城市的肌体，去展现它们的层理，去把握将它们联系起来的统一层次，并最终去指明它们的相互关系、"共通" 作用、相互牵连和他们相互施加的深刻影响。

城市，任何一个城市，都毫无疑问地是一个空间组织结构，一种建构环境的方式，一个被赋予了形式、聚集性和连续性的物质场地。然而，尽管这种空间维度在其中占有支配性地位甚至是有些过头，但既不具有自主性和排他性，也不是城市的核心。城市并不是由细部和空间尺度构成的，而是在于后者和其过去事件之间所存在的关系。时间直接

而突兀地渗透于空间之中。首先，时间被视为过去，视为记忆。"城市像海绵一样吸收从记忆中回涌的浪潮，对城市的描绘，即使在如今，也应包含它的整个过去。但是，城市并不讲述它的过去，它像掌纹那样包容过去，将过去书写在街道的角落，窗棂、楼梯的栏杆、路灯灯柱、旗杆之上，反过来，每一个片断都由擦痕、凹口、伤处、残迹而留下标记"。就像你刚才解读 K8 一样，一个城市像三明治一样是由各个阶层构成的，在一个城市中艺术家有艺术家眼中的城市，农民工有农民工眼中的城市，各阶层水平向的连接与垂直向的交集就是文化。城市不是产品，不是工程项目的实现，而主要是以最丰富和最多样化的方式体现了人类体验的场所。城市正是由于被居住、穿越、感知和被体验而存在，它的主要特征是与在其居住者和访问者中产生的 "思想的状态"，信仰、痛苦、恐惧、希望、渴求等构成的。换言之，它从一个人所能产生的体验中汲取特性。我们聚在一起解读城市历史、体验城市文明，创造城市文化，就是 K8 建筑师工作室的意义与使命。

王雷： 都市设计一直在倡导以辽河文化为地域建筑文化灵魂的 "新东北" 建筑文化，它为什么没有得到应有的普及和发展？如果说 "新东北建筑" 作为流派的出现与否具有偶然性，"东北建筑" 作为一种精神的失落却不是偶然的现象，是否意味着在以商业文化为背景的全球化浪潮中，东北建筑文化已失去了他从前生存的土壤，不得不走向末路，沦为精神上的波希米亚。

康慨： 人们对于城市的想象，一种是未来的、虚幻的；一种是怀旧的、乡土的。在当前中国现代化的进程中，在 "黑云压城" 的商业文化背景下，大部分东北建筑师完全否认这种经由地域性而带来的文化身份，而是期望制造出一种基于现有全球化文化的改良文化，来造就自我在文化上的愉悦性，实现自身在文化上的满足和认同。在这种欲望的驱使下，他们首先对全球化文化进行进步的、创造性的想象，而后将自己作为主体置于其中。这种对于国际化的文化克隆和未来主义想象与其说源于 "全球化" 的现实，毋宁说源于现实无法攀援的高崖。

"东北建筑" 文化的存在根基，并没有如全球化时代的未来主义者所宣称的那样，已经完全销声匿迹、烟消云散。如果仔细审视，便可以发现早已被排挤到边缘的 "东北建筑" 传统依然有效；"全球化" 作为一种抽象精神也已通过不断放大的传媒将触角深入到世界的每个角落，一种关于全球化的乐观主义情绪也日益高涨，并许诺给人们一个美好而空洞的未来。东北建筑师，尤其是东北青年建筑师便不得不在这种矛盾的氛围中承受精神上的撕裂。

在这种复杂的状况下，片面要求建筑师们返回到"新东北建筑"精神和传统中无疑是不理智的，然而东北建筑师毕竟生活在东北这块沃土上和现实社会之中，而不是"全球化"之类的空洞、专横的口号里，那么建筑师自身的"归家"便不是虚妄的幻想。

王雷：您创立了沈阳与大连两地两个建筑设计公司和一个建筑工作室，而你又不当老板，包括 k8 工作室，是不是在追求一种"清流"的生活状态？您曾经致力于连线沈阳——大连两地的建筑师共同担负起东北区域建筑文化的振兴，是涛声依旧还是目标游移？

康慨：于雅娜说人生有快乐和痛苦两个包，你把痛苦打包在快乐里，你就阳光灿烂，反之你就生不如死。这种对峙状态的比喻很有意思，我目前的生活状态也处于文化与商业的对峙状态中。在犹如"水漫金山"的商业文化背景下，以创造人类美好生活为己任的建筑师，首先自己的生存状态就应该淡泊明志、高雅脱俗，才能使设计方案境由心生，意境旷远，直至情景交融，物我两忘。但商业文化的覆盖与生存状态的窘境总是使设计理想发生晃动；至于说貌似"清流"的状态，那是历代文人墨客"高山流水"的生活态度——"贫贱不能移，威武不能屈"，虽说有点酸腐，但足以励志。在当下商业文化泛滥成灾的境况下重提，尤为醒脑。东北的艺术家王易罡在他的《中国山水》系列绘画作品中对目前的世态亦有过很犀利的批判："古代的'清流'相会交游的是'山水'，现代的'名流'相聚交流的是'大腿'"。浸淫在庸俗市井商业文化的酱缸中，你要是没有一个清醒的认识与坚定的信念，很难守身如玉不随波逐流，稍不留神便会滑向缸底直至窒息。我不当老板是一种生活态度，绝不是一种矫情，倒可以说是一种逃避——对商业文化的一种逃避，欲清空自己的商业欲望，以装载建筑的文化力量。如果以建筑文化的淡泊高雅作为生活的追求与心灵的信仰，所有来自于商业的诱惑和政治的诉求就都如过眼云烟了。"珍爱设计生命——远离毒品，远离商业"，真实道出了我对商业文化的立场以及我心向往之高古雅致的生活境界与清心寡欲的生存状态。

创建以辽河文化为魂魄的东北区域文化，是我一生无怨无悔、孜孜以求的理想。虽说文化的苍白前景有些虚幻，但目标不会游弋，信念更加坚定。因为我们目前就是处于一个游牧时代，我也是游走于沈大公路线上，鼓动游说、合纵连横，如同一个文化还乡者，沉思乡土精神的失落，希望推动地域性建筑的发展，虽屡战屡败，但痴心依旧。这次与沈阳的杨晔和大连的崔岩两位建筑大师联合展览——《东北的态度》，既是链接沈阳——大连共同的文化血缘，更是要体现东北文化的血脉贲张，也是东北建筑师高尚生活品质和真实生存状态的记忆回放。

王雷：您自称为"方丈"建筑师，我看您的生活状态有点像游僧，云游在沈大公路线上，这让我想起毛主席形容自己的状态为："和尚打伞，无法（发）无天。"

康慨："方丈"建筑师是我调侃中国的独立建筑师，事务所的主创都自称为主持建筑师，在佛教寺院里，管理一所寺院的领导叫主持，而管理系列寺院的领导叫方丈。方丈的主要工作就是研究秘籍和武功，研究明白了就全国各个寺院去讲学。这倒和我目前的生活很搭，如果是说主持，那张立峰就是沈阳都市的主持，王强就是大连都城的主持，我绝对可以说是都市设计的方丈建筑师。我每次参加 UED 的会议职称一栏都欲填"方丈"建筑师，但没有一次得逞的，都被改名为总经理或总建筑师，弄得我特别郁闷，世风不古啊！连个职称都要按市场规律办。

我喜欢云游的状态，古人云："读万卷书，行万里路"。途中的感悟是我们读书的目的。"学以致用"也是我对目前教育颇有微词的地方：只教书，不育人；读书的目的是为了毕业证，所以导致中国围绕证书发放形成了一个行业，结业证、注册证、MBA、EMBA 就像 LV 一样时尚。巍山解读汉字"學"和"道"，算是理解了个中滋味，"學"字就是一个小孩子弱冠之上，高举双手承接代表未知世界的一个"爻"字，接受知识；而"道"字是一个"首"坐在车上游走世界，感知世界。古人造字时就阐释了教育的方式和方法。

王雷：说到感悟，我们在工作和学习中体会良多，在建筑方案与建筑工程中游走，有欢愉，有沮丧，但不变的是我们的执着。K8 建筑师工作室偏重于区域环境的设计与建筑方案的原创。设计的建筑方案有三个工作层面。首先，要会空间设计，老子说："当其无，以为用"，空间的形式与形态决定建筑的功能与外形；其次要会情境设计，有故事，有情景，有意境，人是空间的主体，环境是空间的营造，以人为中心元点的感受设计环境，以人为本与环境对话，环境带给人愉悦抑或痛苦才能情境互动，至为上品；最终要追求最高的境界——意向设计，要设计出力量，这种力量来自于宗教、民族、文化，就看你赋予它了什么样的灵魂，有了这种力量的建筑将感昭日月，臻于永恒。建筑无法用形式或形象语言加以描述，K8 建筑设计的"三重天"恰如文学艺术的三重境界，绘画艺术始于现实，终于抽象；而建筑艺术是始于抽象，终于现实。而文学艺术恰恰又具有强烈的描述性，我们尝试用文学语言解读一下 K8 设计的三种境界吧。

1、空间设计——寻寻觅觅，凄凄惨惨戚戚
我们一起先用建筑语言来解读一下"和尚打伞，无法无天"吧，像解读K8一样，它像一句禅语有多重含义，用这种语境作为背景解读我们的工作层面非常恰当，抛开我们经常误读的无视王法，无视皇权。进入其真实语境。一是，无法无天就是不得要领，也就没有了境界；这也就K8工作室的第一工作层面——"设计"，"设"乃"势"也，相当于建筑、城市、空间的形式与意向，而"计"便是计划、谋略，换言之就是达到"设"的方式方法。

2000多年前，在一个叫鸿门的地方，一场夜宴正在暗藏杀机的气氛中进行。主人项羽面东而坐，他的谋士范增坐北朝南，客人刘邦坐南朝北，刘邦的谋士张良则坐在项羽的对面。这时刘邦与项羽的军队同在关中，相隔近40里，项羽兵力40万，而刘邦仅10万。刘邦需要的是"设计"，需要的是时间换空间，而不是两军对垒的PK。经过一番策划，终于，双方就这样坐在了饭桌前。项羽的参谋范增按事先设计好的方案已经三次举玉，示意刺杀刘邦。项羽却犹豫不决。范增十分着急，召项庄前来舞剑，以助兴为名，实"意在沛公"也。张良看形势不对，急招樊哙入，樊哙乃一介武夫，冲破关狭隘闯入酒席，一杯饮尽，又把项羽赏赐的"彘"放在盾牌上，用剑"切尔啖之"，一派英雄豪气，震慑全桌，刘邦旋即以如厕为名，溜之大吉。又派张良回席，告刘邦酒醉先行告退，并献上碧玉予项羽，玉斗予范增。范增拔剑撞破璧玉，叹："唉！竖子不足与谋。夺天下者，必沛公也。吾属今为之虏矣"数年之后，果不其然。项羽在政治斗争的"设计"中败下阵来。在设计的一来二去中，项羽失去了刺杀刘邦的好时机，也失去了国力军威的大势，"三千越甲可吞吴"。随着时间的推移，双方的士气与军力发生了转换，由优势变成了劣势。否则，中国的历史将改写。历史，就是在人类的"设计"下，沉浮起落，楚汉相争如此，解放战争亦如此。"设计"是人类智慧与精神的表征。

2、情境设计——衣带渐宽终不悔，为伊消得人憔悴
K8设计的第二个工作层面是情境设计也就是超设计，再说"和尚打伞，无法无天"。建筑是人与自然的介质，建筑庇护人类抵御自然的风风雨雨，人类通过建筑观察自然，感悟自然；在这里"伞"就是建筑，而撑伞的和尚就是您，我们这些80后的青年建筑师，在您的感召下，庇护下栉风沐雨、风餐露宿、体验自然、感悟人生。怎么把这种相濡以湿、相濡以沫的情感还有生活中那么多的情感附会在建筑上，就是我们所说的"情境设计"或简述为"超设计"。

《牡丹亭》写情，众人皆知，然诚如汤显祖所言："世间只有情难诉。"

在现实的框架中，不足以抒发之，唯借戏曲之"疯魔"来传达。在《牡丹亭》中，他能够显著打破我们常规对阴间和阳间的设计。他并没有觉得杜丽娘已经死去，而是把她藏在了一个叫"阴间"的房子里。他的思路是：把你所爱的人放在另一个房间，被爱的人就从那张画——既是杜丽娘的象征，又好像我们现在的探头一样——观察爱人究竟对自己是如何思慕渴念，这是一种不在场的爱情试验。《牡丹亭》讲了一种精神，爱是不会死的。没有阴和阳，没有生和死，没有聚和离，爱是永远在那里的。这种意志可以激活所有人生，我认为这就是"超设计"的精神。

"情不知所起，一往情深，生者可以死，死可以生。生而不可与死，死而不可复生者，皆非情之说至。梦中之情，何必非真！天下岂少梦中之人耶？""超设计"就是要警醒古今之梦。

"夫天地者，万物之逆流；光阴者，百代之过客。"身处天地百代之间的我们，安有法设计乎？至情至性，只是无法设计，然若夫"潭中鱼可百许头，皆若空游无所依。日光下澈，影布石上，怡然不动；椒而远逝，往来翕忽，似与游者相乐"人间还有比这柳宗元的小石潭更"超设计"的吗？"清冷之状与目谋，潀潀之声与耳谋，悠然而虚者与神谋，渊然而静者与心谋。"人与"无法设计"的自然，在此悠然神会。

3、意象设计——众里寻她千百度，蓦然回首，那人却在灯火阑珊处
K8设计的第三个工作层面就是意象设计，也就是趋于自然天成的"无法设计"。还说"和尚打伞，无法无天"。建筑空间无影无形，无踪无迹。在建筑中你看到的光与影、你触摸的质与地、你听到的风与雨、你感悟的空与寂，都无法用形象的语言或具体的形态来描述，"玄之又玄，众妙之门。"建筑师无法设计，只能用心灵与意念去感悟、去想象、去提炼、去意会，所谓修身养性、陶冶情操、苦心劳体、穷思极索，方能"境由心生"，妙笔生花。

惟有《西游记》里的孙悟空是真正到了这个境界，悟到了"空"，所以他能出世亦能入世，能出生亦能入死。在广袤无垠的时空中一个跟头"上下几千年，纵横几万里"。这一点连他的师傅都自愧不如。所以说："没有唐僧可以，没有悟空是万万取不到真经的"。我们仰慕悟空这种执着与淡定，心中有佛、红尘无我、披肝沥胆、降妖驱魔、翱翔于物欲世界之上，往来于世俗烟火，即使戴着"清规与戒律"的紧箍咒，亦不为所羁，思想与观念进入了一个无为的境界，终将龙出生天，求得真经。

无法设计，就是不能设计。明末文学家李贽如实是言："世之真能文者，

此其初皆非有意于为文也。其胸中有如许无状可怪之事，其喉间有如许欲吐而不敢吐之物，其口头又时时有许多欲语而莫可所以告语之处，蓄极积久，势不能遏。一旦见景生情，触目兴叹；夺他人之酒杯，浇自己之块垒：诉心中之不平，感数奇于千载。"妙文无法设计，这一体验同样可以推广到建筑方案设计，所谓"不疯魔，不成活"。

无法设计，更是：无、法、设、计。法也，尺度、标准。《管子·七法》："尺寸也，绳墨也，规矩也，衡石也，斗斛也，角量也，谓之法。"无法设计，便是不能用尺寸、绳墨、规矩来丈量，不能用衡石，斗斛来衡重，也不能用角量来测算的"设计"。人类灵魂冲破禁锢，无限接近自由的渴望与可能，由此可见。

嵇康"神情高迈，任心游憩"，有一天来到离洛阳数十里的一个名叫华阳的小亭，天色晚了，就在那里投宿。这个亭子向来为杀人之所，投宿者亦多为凶恶之人。嵇中散"心神萧散，了无惧意"。到一更的时候，开始操琴，忽听得空中有人称妙，中散一边抚琴一边问："君是何人"？那人说，我是这里的鬼，幽没在此数千年，"闻君弹琴，音曲清和，昔所好，故来听耳，不幸的是，我被人杀害，形体残毁，不易面碣君子，但爱君之琴，很想同你相见，请你不要嫌弃""。中散仍旧抚琴，一边回答：""夜已久，何不来也？形骸之间，复何足计。"鬼遂现身，原来是个无头鬼，拎着自己的脑袋说："闻君奏琴，不觉心开神悟，恍若暂生。"两人共论音声之趣，无头鬼要求借琴抚之，初几曲倒也平常，唯《广陵散》声调绝伦。他教会了同康，并要同康发誓，不得教与他人，不得告诉别人他的名字。天亮了，鬼要遁形之时，跟中散说："相与虽一遇于今夕，可以还同千载，于此长绝，能不怅然。"

一曲《广陵散》，已成绝唱，而这离奇的故事与有关嵇康的传说，却如空谷足音，传之后世，欲辨却已忘言。语言消失的尽头，便是"无法设计"的开始。

CONFIDING:THE ARCHITECTURE LIVES IN OUR LIFE

讲诉：那个融入我们生命的建筑

——大连东软信息学院系列建筑设计札记

康慨、王雷

沐浴着清晨和煦的阳光，驱车沿着滨海路一路向西，一阵阵花香伴随着微微有些咸味的海风扑鼻而来，美丽的大连用她温柔的臂弯拥抱着你。湛蓝的海水拍打着赭黄色的礁石，孕育着郁郁葱葱的绿树和五彩缤纷的鲜花，这是一个景致美丽如画、独一无二的岛城。在这里，静谧几乎时时萦绕着你，似乎要带你回归到自然的源头。车到黑石礁转弯北上，沿着渐渐升起的坡路过了理工大学就到了大连东软信息技术学院。持续 12 年的规划设计与建设使我对这块土地产生了深深的依恋与情感。马路右边是为大学生社会实践活动而兴建的学园二期软件园的启动区；左边就是覆盖整个牛角山的学院校区，自北向南山前是教学区，山后是运动与生活区。12 年——一个循环甲子的喜怒哀乐和悲欢离合，伴随着东软技术学院的成长都市设计也一天天成熟了。对这块印证我阅历、倾注我情感的学院。我了解她的每一道高程与冲沟，像熟悉我自己的指纹；我感知她的每一块材质与表皮，像熟悉我自己的肌肤。这次和 K8 王雷来大连主要是规划设计学院东侧、软件园北侧的大学生社会活动与创业园区（SOVO）。

DALIAN NEUSOFT INSTITUTE OF INFORMATION

大连东软信息技术学院

项目名称：大连东软信息技术学院
设计者：康慨、金大勇
设计类别：教育类建筑
建设地点：辽宁 大连
基地面积：21.76ha
建筑面积：139 961m²
建造时间：2002 年

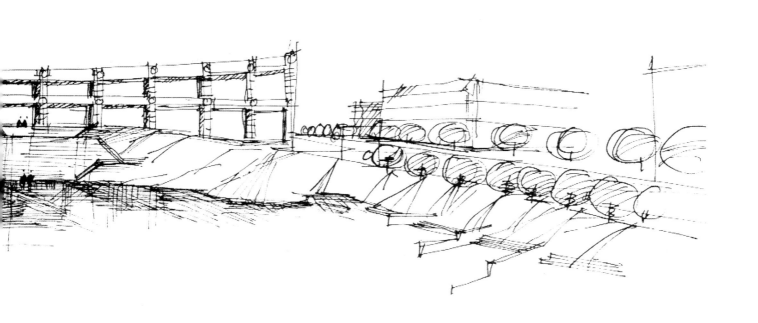

· 大连东软信息技术学校

千山鸟飞绝，
万径人踪灭；
孤舟蓑笠翁，
独钓寒江雪。

　　　　　——唐代·柳宗元

12 年前建筑工程方案设计刚刚中标，详勘地形时用地还隶属近郊农村红旗公社。当地农民怀着对财富的渴望与产业致富的梦想，哪里懂得城市—环境的联合体经济效益远大于城市—制造业联合体。山体已按几个高程炸为台地，场地规划为机床厂，由于山下已建成的机床厂出现闲置，农民才开始停止劈山造地，山炸了土地闲置起来也不知道干什么好，而沈阳东软集团此时正在拓展软件业务，准备建设学校。在这块场地周围云集了理工大学，财经大学，海事大学等高校，是得天独厚的人材积聚硅谷，两家一拍即合。

总裁刘积仁老师历来反对 IT 行业走科研路线而应该走应用路线，倡导学习印度和爱尔兰走职业培训之路。因此刘老师就决定在企业内部做职业培训，也就有了先期东软职业技术学校的建设，毕业于斯坦福的刘老师是我国第一批计算机博士，有着远见卓识的头脑，认定教育是民族振兴之本，也就有了东软信息学院的种子。我心中一直有一个梦想就是通过我的设计对传统、文化精神继承与发扬光大，对时下流行的唯商业化进行纠偏，苦于没有发泄与表现的舞台与出口，与刘老师的相谋，规划和设计的方向明确了，思路也顺畅了。

因为当时新建大学流行的规划模式是"鱼骨式"，不管北方还是南方都是连廊把学校连成一体，所有的大学统一规划变成中学模式了，唯一好处就是适于管理，我对此也颇有微词，因为大学不光是教书，最主要是育人。对这种填鸭式的教学模式我历来深恶痛绝。学院就应该保持学科独立，学术创新；举文化大旗，树大家风范。在此基础上注重文化培育与学科交流才能培育学术泰斗、学界精英。斯坦福第一任校长乔丹曾说："长长的柱廊与光洁的石面教学生懂得什么是体面与尊严，建筑也是教育的一部分。"建筑师没有办法参与一个大学的学科建设与学术创新，只有通过我们有文化厚度和历史深度的建筑设计作品里所包涵的气韵与风雅对学院的文化建设进行警示与孕育。

中国传统的规划方法是相地说与堪舆学，《周易》是我国最早的关于造城与建宅的专著，有别于西方建立在几何数理基础上的规划设计方法，而是将气候、季节、地理、地貌、文化、习俗等诸多的自然人文因素加以梳理总结出规律性的条文和卦卜，用以指导城市与建筑的建设，科学合理。

我在西安上大学时曾经折服于陕西乾陵的武则天墓，完全是利用中国堪舆学的方法相地而来的，尊崇自然看不出一点人工痕迹。长长的墓道尽端是武则天的无字碑墓，一点透视的墓道压低了天空也抬高了地面让你时刻感受到一代女王遮天蔽日的气势与霸气。

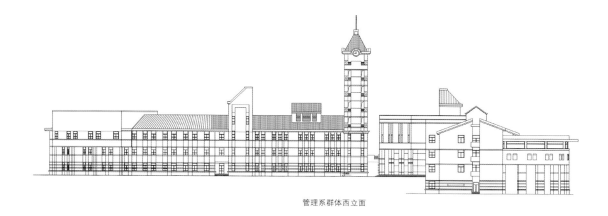

管理系群体西立面

管理系群体东立面

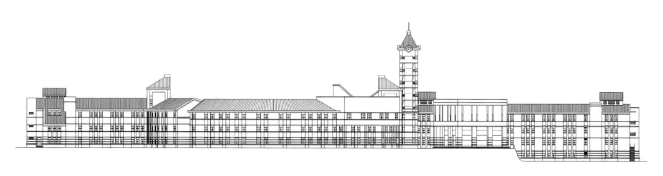

管理系群体北立面

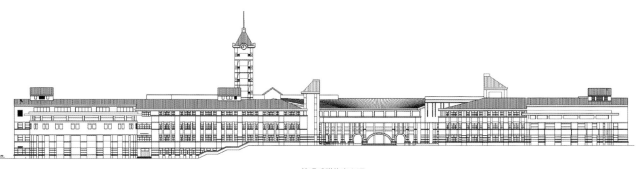

管理系群体南立面

摄影：汪峰

凯文·林奇从格式塔心理学中汲取灵感，引入了"城市形象"的概念。他的兴趣主要集中于形象和物理形式之间的关系：通过"道路"、"边界"、"区域"、"节点"和标志物在居民头脑中产生的识别城市的图示。依照城市设计的观点，"心理图示"是为改善市民生活条件提供可能性的操作性工具。依照林奇的城市设计理论，校园规划设计的着眼点，首先用建筑物恢复山体的风貌与气势，场地的坡度与冲沟，山脊与未被破坏的植被、树木、裸石、台地都成了设计仅存的场地边界与地貌原形的环境坐标和历史基因与文化想象的地缘基点。方案试图在外部世界（校园）和自然（山谷）之间建立对话，着重在自然与人工之间形成对比，致力于营造场所的"空"与"寂"的意境，穷究其"灭"与"绝"的旷味。

大连的老城区是以交叉点为聚集点发散的星型广场规划格局。校区规划沿袭城市规划的原理，不同的是所有广场都是三栋教学楼围合的消极空间，而广场的连接与使用是由两条轴线链接和切换的。两条轴线一是强调入口到主楼的实体中轴线，二是东西教学楼之间用于视觉走廊斜拉的虚轴线。中轴线西侧借助视觉走廊用建筑切出一个梯形广场，梯形广场中央设一个钟楼，用钟声凝聚整个校园的精神与气韵，这也是校园设计的第二个着重点——树立校园的精神图腾。梯形广场短边的灭点就是利用山体冲沟梳理出来的小型体育场，沿着南侧50m宽的大台阶拾阶而上，半圆形围合出一点透视的尽端广场，气势恢宏。用消极空间组合的一系列场地与广场层层叠下象漩涡一样水平旋转而下，吸人魂魄昭示着东方的力量。

建筑外立面使用天然石材切割的页岩板整体贴装，结合立面设计的凹凸折射的光影律动着厚重古朴的韵律。它质朴的外观，它静谧的材质与本性，都将我们带入到历史的长河中，并使我们发现一种古朴的隐秘吸引着你去思考、去探索。

建筑的室内空间设计利用东西向6m宽通高三层的内庭，借助2m宽的狭长天窗在将光线均匀撒下，迷离的光影使内走廊宁谧安静。同学们经常在内走廊看书学习，最闹的空间由于光线的介入变得宁静安详，光影像竹影迷离恍惚给你一种不真实的影像，吸引你去解读约定俗成的真相和与预期不确定的神奇力量。空间教会同学们去理解一些基本的事物，即自然事物的含义，研究和理解那些隐藏的含意，从而找到他自己的建筑与空间。同时发现生活中，方向感和认同感是与生俱来的功能。每一栋建筑的内部，人类能够通过自己的方式知道自己身在何处，还必须要获得识别自己与环境的可能性与危机性，这意味着要知道一个确定的场所像什么样子。学校当下所承担的教学与科研的内容与范围，以及未来学校发展与学科拓展的空间与预期，我们设计的校园建筑提供了一种什么样的确定性与不确定性。

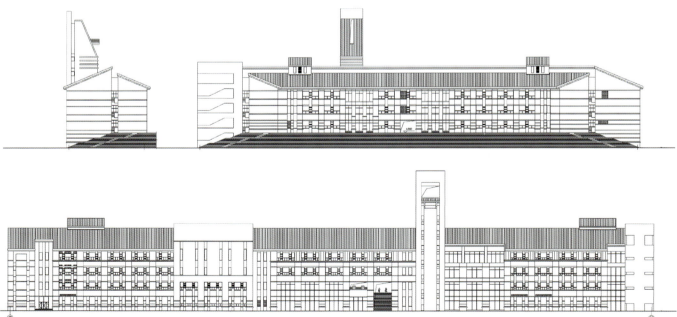

图书馆立面图

摄影：汪峰

DALIAN INTERNATIONAL SOFTWARE PARK

大连国际软件园

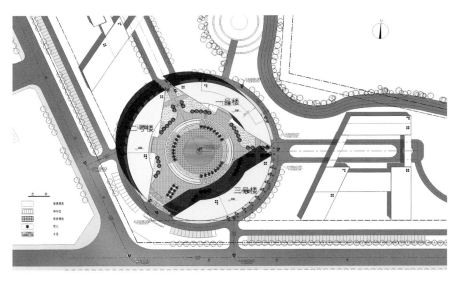

总平面图

项目名称：大连国际软件园
设计者：康慨、姜毅
设计类别：公共建筑
建设地点：辽宁 大连
场地面积：220 000m²
二层建筑面积：160 000m²
建造时间：2006—2008 年

建筑单体设计秉承规划设计中尊重环境与文脉的一贯宗旨，把建筑所处环境的独特属性，即当地环境对历史与记忆的记录，作为建筑的组成元素，并利用几何的创造性来继承其历史遗产，形成人与自然之间的最深刻的交融场所。

立面选用当地天然石材，与周围山体形成密切的亲缘关系，从而把环境天然形成的历史引入建筑，借此体现当地历史与文化的独特性，而石材与隐框玻璃墙形成的强烈对比，又充分显现了建筑本身所特具的现代性及建筑服务对象的前瞻性。

中心服务区为园区内的先期建设项目，三个"月牙"形建筑围绕圆形广场依地而设，其间以空中连廊两两相连，利用基地的高差关系，在底层布置服务于三幢建筑的动力中心，减少了土方量。

两侧的开发楼，多为开敞式办公空间，因此着重强调了一层入口的空间关系。为了处理地形的高差关系，采用错层处理。这样一层底部只设入口大厅，并通过落地玻璃与室外地坡景观形成视觉的沟通，使得入口空间产生光线的流动感，2 ~ 4 层嵌入山体，与自然环境融为一体。

建筑设计中刻意强调了入口及角部的比例关系，形成建筑自身的一种强烈震撼力与感召力，使人充满对科技与环境的尊重及二者完美结合的赞叹。

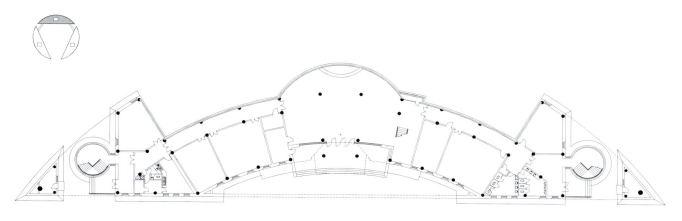

首层平面图

摄影：汪峰

摄影：汪峰

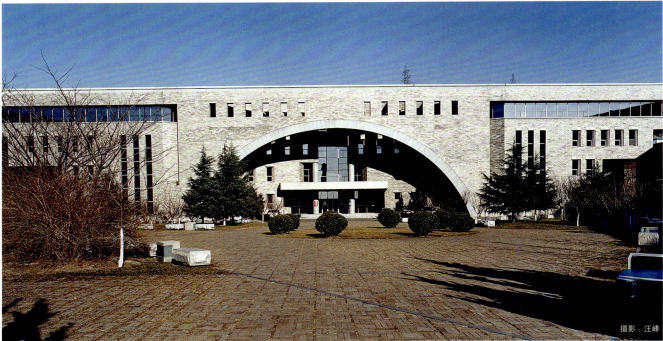

摄影：汪峰

· 大连国际软件园

那条路，那道水，没有关联，
那阵风，那片云，没有呼应：
我们走过的城市，山川；
都化成了我们的生命。

——现代·清溪

有一次在大连理工大学建筑学院讲座时被问到在你的社会实践中你最满意的作品是哪一个？我说就是你们学校后山上的东软信息技术学院。一个建筑师除了几个能够代表自己个性的实验性作品被建成并得到社会认可会有一丝欣喜外，最大的幸福莫过于通过自己的作品，振兴和印证一个区域的文化。十二年，沧海桑田。当年我还在新大陆公司接到学院的投标通知书时，东软信息学院还是一个为集团员工进行软件技术培训的教学机构，当一期建设完成后，就成为了面向社会招生的民营专科院校。而随着东软信息学院不断地发展壮大，校园的一期改造工程与二期的新建工程施工建设完成，东软信息学院就一跃成为了国家教育部批准的民办普通高等院校。同时我们都市设计公司也由3个人发展成200多人的国家综合甲级设计公司，在取得商业上成功的同时我们也失去了建筑创作的激情与想象力和区域文化的鼎革与求索精神。

无论是激进先锋派的抽象概念，还是以几何学为基础的推论，都无法描述分化的中心区与安定的生活区，以及密集的历史建筑与稀疏的近郊区域之间的连续序列。对此地理学家和社会学家试图进行归类："反城市化、逆城市化、非城市化"——一个反对拆分而彼此合并的新词映入我们的视线。

面对因通讯时间日益缩短而使时间延长或缩短所产生的空间迷失感，建筑设计思潮在相反的两种诱惑间摇摆，一方面它追逐着虚拟环境——类似在远程通讯网的网线间无序回荡的流程、图像和内部胶质物的非实体物质——所散发出的魅力。另一方面，它怀旧般地为秩序的遗失而感到惋惜，期望去了解并驱逐这由片段组成的多样化的新事物，同时拓展在城市形态学研究方面的典型秩序。这一多面而矛盾的研究领域已被评论家坚持归类为后现代主义、新历史主义、解构主义、新现代主义。所有这些"主义"的命名都体现了在建立与环境的密切关系和归属关系方面上设计的无能。在无穷无尽和无边无际的永恒性与现代主义运动传统和遗产的梦想的基础上，建筑学不再有能力去设计完成将与环境有关的那些现象的影像与建材和场地三维经验相结合的尺度适宜的工程项目。我们尝试恢复构成城市景观的各部分之间相互补充的适宜关系，试图定义未来城市的新的不同含意。

由于当年理论深度与设计水准的低下，我始终不能平心静气地将城市设计的理论与实践锁定一个正确的目标，也没有在建筑工程工法上做认真细致地研究与实施。这个年代，一个"快"字掩饰了所有文化上的苍白与精细准确的工程工艺的缺失。还好当年确立的建筑方案比较成熟与坚定，整体建筑风格洋溢着厚重的文化力量。当年设计完成并竣工使用，因为学院赶上这几年国家为解决就业问题不停地扩大招生，设计与施工都是匆匆忙忙的，但能保持风格一致都归结于学院的思想统一、学术独立的办学宗旨。文化的恒定战胜了风格的变幻，即使建设的匆忙带来细节的瑕疵亦不影响校区整体的恢弘和学院的大家气度。二期建设完成时被当时国务院副总理吴仪称为："中国新建的最好的大学"。

就是因为校园建设一开始就立足于主题培育和文化生长，使分期建设的校园才能文化相通、血脉相连，整体风格连贯统一，张扬着文化的强势力量，得到社会各方面的认可。如果说一期学校着眼于"相地"，那么二期学院就是致力于"造城"。一期工程呈现的是水平向的一个"阴"；二期工程体现的就是一个垂直方向的"阳"。以山顶电子化图书馆作为一期工程视线走廊的灭点，同时也作为校园主轴线转向东入口的学院区的拐点，梯形放射的广场周围是计算机学院、信息管理学院、动漫学院、商务学院以及用于社会实践与应用的软件园，标高不同，形式各异的广场与台地自由散漫，为各学科交叉提供了多层次的空间。以图书馆为圆心向南侧山谷散落三道长廊消解了10m高的落差，像古城碟一样意境的长廊散发着幽远的古意。这里似乎是柯布西耶式的散步空间，沿着弧型长廊图书馆和行政办公中心层层跌落，仿佛在追寻最佳采光条件的联接空间，促成了布置在不同楼层的一系列路线与空间的设计与中心广场的大片树林用藤蔓连成一片绿色的海洋。

在深化研究林奇的城市形象的"心理图示"时发现他过度关注城市的视觉方面而忽略了阅历——情感要素。这是属于不同社会、文化范畴和城市历史维度的不同个体之间存在的形象多样性。当下全球化社会背景下由于交通与通讯的迅猛发展，现代游牧性已凸现为社会的文化表征，移居流向似乎是与信息、体验和情感方面的因素相关的，以这种方式，阅历和文化方面得以复兴，"社会——空间系统"开始得到认可。空间认知是由文化和语言决定的，它们对交谈着的思想产生影响，并在其过程中认识现实。如果我们把这种阅历、情感作为一种空间设计的介质应用到我们的城市设计与建筑单体方案中，"我们走过的城市、山川，都化成了我们的生命。"

伴随着持续一个甲子的校园建设，建筑设计的理论思潮亦风起云涌，各领风骚的"主义"快赶上瞬间变化的主意了。正像阿尔瓦罗·西扎说的："这恰好处于一个不可能为多学科性留出时间的多学科性时代，考虑到速度，工作已在专家之间被分割开了。"也许是我们确立的文化主题与校园风格恰好与业主创立IT行业"边际效应"的主题吻合。我们坚持最初的感性、清纯的观点，大自然宁静的气息与建筑师平静的内心结合为一体并贯彻始终——那就是立足于地域文化的复兴以及区域文化的建设，学院建筑风格的完美统一与校园环境景观的大家风范就像牛角山一样高山仰止。

DALIAN NEUSOFT INSTITUTE OF INFORMATION PHASE III EXTENSION

大连东软信息学院三期扩建

项目名称：大连东软信息学院三期扩建
设计者：康慨、王雷
设计类别：教育建筑
建设地点：辽宁 大连
场地面积：62 191m²
建筑面积：86 352m²
设计时间：2009 年

建筑的场地内地形复杂，台地、断坎、沟壑多种复杂地形交织，所以创作本身首先就是一场建筑与自然的博弈。

同时作为大连东软信息学院的最后一期，势必要对一期、二期的整体规划呼应，同时还要更加的出色，设计时刘积仁老师提出将东软三期定位为大学生创业活动中心（简称 SOVO）的大型综合设施的想法。

方案设计提出了微型城市概念，在平面上划分出"三点一线"的动态布局——"三点"是指三个广场，包括中心的主活动广场、南侧的学术性内庭院以及东北向结合山林的室外表演场；"一线"为连接南侧城市道路到北侧学院宿舍道路的活动内街。

在剖面上，结合各地形的高差变化，在各部分的 1 ～ 2 层是以为学生提供创业机会的带有一些商业性质的孵化器，3 ～ 4 层为教室和实验室，借用高差变化完成了纵向分区和水平分区的结合，使功能流线更加高效，而中心的圆形体量在总园区布局上与二期的图书馆和南侧的研发楼相呼应，三个圆形形成了一个三角形区域，恰好形成了学院的最核心的部分。

设计师欲将东软信息学院最活跃和精彩的一面展现出来。

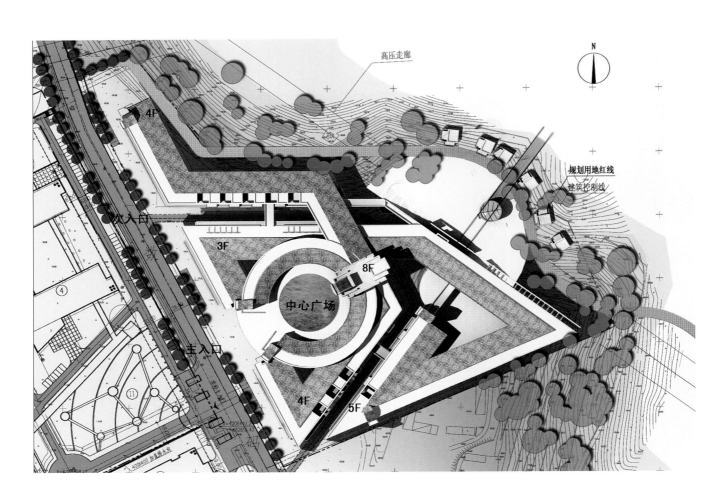

中心广场

高压走廊

规划用地红线

建筑控制线

次入口

4F

3F

8F

主入口

4F

5F

N

· 大连东软信息技术大学?

碧玉妆成一树高,
万条垂下绿丝绦;
不知细叶谁裁出,
二月春风似剪刀。　　——唐朝·贺知章

"轻拂大地,人们诗意地栖居"。人类依恋自然并享受自然的恩赐,建筑是人与自然之间的通道,它承载着并记忆着人类生活与历史的文化。建筑为人类抵御大自然的风风雨雨,而人类也通过建筑观察自然,感悟世界;人类感知日月星辰,捕捉它的气场,人类感受风雨雷电,描绘它的气象;所有的描摹与设计似乎物化成了形象用来模拟自然,所有通灵与意念抑或演化成了风水用来占卜自然。当人类因为无知无畏地认为征服自然并因违反自然规律而受到惩罚之时,忽然发现自己的浅薄与无聊。认识到大自然并不需要建筑。从所被接受的最宽泛的意义上来说,自然

本身就是建筑。复杂而必须的建筑物代表了没有生命的世界，至于它内部组织的本质是与其物候现象相关的。

在自然界中，混沌也呈现出秩序，看似无序的只不过是在具有内生进化逻辑的进程中的一个暂时性阶段。在一片草地中，当受到气候和下层土壤的刺激时，一群各不相同的生物体通过对称性和对场地做出功能性的适应，来以不同的方式做出相应的应变反应。在空间—时间的维度中，森林赢得了完美的空间结构对称性，这在它存在的早期阶段并不容易被

察觉出来，"不知绿叶谁裁出，二月春风似剪刀。"大自然用它的春夏秋冬，风霜雪雨设计经营着它本身呈现的风韵与气象。令人叹为观止，无法模拟。东软信息学院前期工程模拟自然的生成方式，虽有些笨拙但正是这种精神是学院持续十二年的建设始终能无缝链接并延续文化精神和学术立场的原因所在，校园洋溢的质朴风尚与萧瑟古意迅速得到社会认可并作为一种城市文化得以传播与推广。

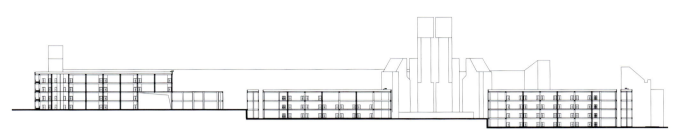

剖面图

学校由于文化建设的成功促成了学院从企业内部的培训学校连跳三级成为国家二本招生的专业大学，而随着学校教育体系的不断完善，学生人数的不断增加，使如今的东软信息学院已经达到了国家一级本科院校的规模与水平。于是，东软集团决定按照国家有关规定增加一些基本的硬件设施，正式将学院向国家申请一级本科院校。

自从建筑作为一门学科开始，我们一直在尝试着如何界定建筑的概念。专业的非专业的，物质的精神的，从遮风避雨最简单的物质需求，到"有之以为利，无之以为用"的朴素的空间认知，我们从来就没有停止过探寻。建筑师似乎在寻找一些除了建筑形式与空间以外的一种对于建筑在体现人类生活模式和自然环境关系中的角色定位。在逐渐深入大连东软信息学院三期的项目设计过程中，校园建筑视觉方面的要素在逐渐消隐，一个知识与意义的"媒介"角色定位似乎在逐渐清晰化，一种体验与阅历的情感因素逐渐升华为控制整个校园建设与区域文化生长的核心要素。

2010年初的时候，我们接到了大连东软信息学院三期的工程项目委托。为了符合教育部对综合性大学多学科配置与刚性面积指标的要求。结合东软信息技术学院开放的教学方针与周围高校云集独特的环境优势，拟仿照国外大学城的文化特征，整合区域的知识与人才优势，创造一种由知识密集型向知识外延型过渡的综合性大学。拟通过建设大学生创业中心（SOVO）与增设教室、操场、大学生活动中心、露天文化广场及其他各项配套设施来实现教育部对一本院校的刚性要求。

在为三期工程所作的方案中尽管与一，二期校园的教学特点与空间表现要点是不同的，但对知识的渴求和对意义的探索却是相似的。空间组织的原则源自对学院建筑历史的继承与创新，新建的这个校园空间与城市之间关系的考虑是建筑设计的重点。三期选址位于现有校区的东侧，一个类似于"刀把形"的地块，与老校区之间隔了一条通向后山宿舍区的城市公路。场地地形复杂，山体主要的走势是北高南低，东高西低，其间有附近农户开垦出来的台地，雨水多年冲刷出来的沟壑，所以三期方案首先要解决的问题就是建筑与场地和环境关系的处理。事实上作为公司杰出的工程项目，我已经参观了多次的东软信息学校，但也从来没有一次是在三期场地内的山坡上。这个角度很特别，是一个难得可以看见一、二期整个校园景色的角度。时值傍晚，夕阳的余晖洒在了造型古朴的建筑群上，天然页岩的建筑表面顿时变得金黄。此时恰逢行政楼的钟声敲响，遥远而空灵，这是一幅让人震撼的美景。在设计过程中，这幅景色一直浮现在我脑海里。

对于三期来讲，一期、二期的建筑是记忆，但与其说是一种过去时，它

更是三期的一面镜子，不断影射着这块场地上为将会发生的一种未知状态。也许作为一期、二期的未来时，三期是不可感知的，格格不入的。根据这个定位，我们尝试过用一种参数化的语言，将空间组织、形体构成以及表皮等方方面面的元素整合。获得的结果是与当前的背景完全脱离的、相悖的。然而当那幅画面再次浮现在我脑海中时，我意识到自然并不需要建筑，而建筑师却需要自然——这丰饶而不竭的灵感源泉。与其说一期、二期是在设计建筑，倒不如把这个过程看作是对自然场地有效地梳理。设计师在通过建筑以及物质场地尝试与自然沟通，显然沟通是顺畅而有效的。如此我们将三期设计的关注点转向空间表述和形体构成与现有的场地和自然环境如何紧密相连？设计师如何能通过建筑再一次与环境有效沟通？此时，三期建筑设计的角色第一次成为了知识与意义的媒介。于是我们一次次的尝试去触摸场地本质环境，从踏勘的图纸，从现场，从GOOGLEEARTH，无论是真实的还是数字的，平面的还是立体的，从我们能想到的每一个维度，小心翼翼地呵护着三期的记忆，试图最大化的发挥建筑媒介的特性。触发空间和环境通过各自特殊属性进行沟通，使用者通过主观能动作用，在视觉和触觉等多维角度与空间和环境交流，赋予环境以人文特征和归属感。此后在设计时，我们似乎找到了一些途径，我们进行了多维度设计的叠加，地形图上我们需要保留的物质场地、自然景观、视觉走廊等记忆元素，让我们梳理出最能激发原有场地上对周围环境和一、二期建筑群的认知。于是，一张踏勘出的地形图分成几张单元素图纸。例如纯高差图，纯植被密度图纸，城市周边道路图纸等。每一张元素图纸上都有能够唤起原有认知的部分我们予以保留，如此就形成了很多的控制线和控制区域，再加上竖向分析，尽量使高差设计与原有场地相贴合。不仅仅是为了减少施工土方量的技术性要求，而意在提升建筑存在感，增加了场地的连续性。如此，建设区域和媒介区域在图纸上渐渐清晰起来。同时，针对东软信息学院三期的大学生创业中心的核心价值定位，我们把目光放到了整个软件园区。东软信息学院的建设发展带动了周边软件行业的聚集，而SOVO的建设将会成为东软信息学院与社会有效衔接的出发点。如此，其媒介的原则又进一步成为了学院、城市、社会连接的纽带。为整个软件园区乃至整个大连市的软件信息行业提供源源不断的推动力。

我们融入了以上提到的所有的设计参数，建筑的形体在不断地叠加和修改中，由抽象逐渐变得真实了。简单总结，可以认为是三点一线的平面布局方式。三点即为，由行政楼围合的圆形主广场，此圆形体量在区域规划中，与二期的图书馆，三期南侧的软件研发中心形成三个圆形构成，控制住了东软信息学院整个的核心区域。我们希望这个区域成为将来学院和城市共有的最活跃的一个场地，同时也完成了三期与老校区在平面上的形式呼应。第二个点是场地东侧融入山体的室外半圆形演艺广场。

这片区域是我当初遥望一、二期景色的立足点，我们予以保留和修整。在这个角度下我们不但仍然能看到原来的景色，而且三期的全貌也得以展现。第三个点是 SOVO 活动中心区域，它为所有的创业孵化器提供了公共会客洽谈区，它将为大学生提供更多的创业机会和沟通机会，搭建一个学生与社会沟通的平台。一线是指我们通过对场地高差的梳理，找到了一个途径能够实现场地的连续性游走，于是它自然形成了一条连接校园与城市的服务性内街。内街的功能主要包含了许多的创业孵化单元和与之配套的一些餐饮、娱乐设施。这一条动线与 SOVO 活动中心这一条静态相配合，使校园与城市沟通变得更加丰富和戏剧化。游走于内街，仿佛在观赏一个不同高差、不同环境特征的校园戏剧，而游走本身就是使用者与环境、与场地、与建筑的对话和交流。为了能使这次游走更加地自然流畅，在建筑的构成上也尽量能做到连续的效果。如此最终的建筑形体是两个有拓扑关系的 U 形体量的有机组合。它们通过变异、扭曲、错动，贴合了山体走势，也达到了保留原有场地认知的要求。如此建筑群的基本架构已经完成。当我们深入细节，具体的某个空间情节的设计时发现由于当初我们对场地原有记忆的保持和对建设用地的有效控制，使深入的过程都变得自然流畅。如此，我们认为这次对场地自身特性和自然环境价值的思考，让我们这次建筑与环境的沟通变得有效。

媒介是能让人与人、物与物及人与物产生关联的物质。针对这一特质来说建筑设计不再着眼于空间本身的营造。如果将这种关联进行分类，建筑设计所追求的应该就是触发产生关联的事件，或者说是容纳各种事件产生的一个"场"，这个"场"使事件的发生更加主动和必然。在事件产生之前，这个"场"是不容易被发现和感知的，只有当事件发生时，你的潜意识才会意识到它的存在。它不是单纯的建筑形体，或者符号性隐喻所能够精确表达的。不同的场所能激发的事件和氛围都会有所不同，甚至是融入时间轴之后，"场"的特性也会随之而改变。由此，"场"的营造就变得更加复杂和不可预知。它不是单纯的形体构成的合理，空间组织得有效就能够产生的，它是一种对于建筑在所处环境和场地之中的多维度上的核心价值判断，这一判断可谓任重而道远。回想我们曾经熟知的优秀建筑作品，我们都会习惯用生长一词来形容，这便是建筑植根场地与环境的一种比喻。而现在看来，应该将它定义成建筑合理气场的一种表达。反观东软信息学院三期的设计项目，最终我们得到的方案成果是令人欣慰的。无论是从功能设计、形式语言上这些基本的要素，还是从建筑作为媒介所营造出的整个区域的"场"，都是合理而有效的。从最终的效果图和模型上来观察，我们无意之中似乎营造了一座被一、二期校园所包围着的城市中心，一个真正意义上的"城中城"。它与自然环境浑然一体所释放出来的力量笼罩着整个软件园区，一栋建筑被作为对最根本要素的探索来进行构思，它决定了自然的结构，并由于他们

的功能性而能够经受住时间的考验。一种知识与意义的媒介力量控制着校园文化的生长，并通过与区域文化的共荣共生而作为一种高尚的精神力量向社会传播与渗透。

K8 NOTES

K8 札记

寻找建筑中的"常数 A"

——建筑 f(x)=A*（技术＋功能＋空间＋材料＋结构＋地域＋……）

路曦遥

建筑设计当中，是否存在这样一个"常数"，使其与其他参数相互作用，最终产生纷繁复杂的建筑形式？

在自然物理的领域当中，我们了解了太多的反应自然现象的表达式，其中存在着各种"常数"，人们用这些常数与其他相关因素的量相乘所得到的结果来反应一些物理量的大小。如胡克定律中的弹性系数，摩擦力当中的摩擦系数以及众所周知的重力系数……这些常数好像冥冥之中在告诉我们，我们所生活的这个世界当中，存在着一种固有的定式和规律，通过这些定式不变的东西去描述我们纷繁复杂的世界。当成千上万的现象面对我们时，科学和哲学的首要任务是寻求现象最初和最本质的原因以掌握它们的意图。正如在其他任何发明与人类机构领域里一样，那么建筑设计当中是否也会存在这样一种相对不变的规律，把握了它就能来指导我们进行设计呢？

第二次世界大战后，西方的现代建筑处于困难时期，随着柯布西耶的去世，进而失去了在理论和精神方面的依托，因而也受到越来越多的建筑思潮的严厉挑战。随着现代主义暴露出来越来越多的弱点，建筑界对现代主义建筑反思的呼声也越来越高。新一代建筑师们纷纷寻求适合西方文化的道路；他们有的反对残存的学院派，努力探索形式语言的更新；有的以他们的洞察显示文化意识、建筑质量和对低造价建筑的重视而受到世界的瞩目。随着经济奇迹年代和工业化的姗姗来迟，大规模的城市化进程带来了一系列社会问题。因此在西方建筑界嫌弃了对城市建筑和社会政治问题的激烈讨论。于是随之而来的是冠以各种名目和标签的流派。总之，现代运动的盛期已经过去，而新兴的思潮脱颖而出，人们不禁惊呼"建筑正处于发展的十字路口"。

自从詹克斯宣称"现代主义建筑"死亡以后，西方当代建筑文化再次经历了一次主题文化终结的体验，仿佛一切既有的东西都无法满足人们的审美需求，一切都得接受新的检验，进行重新确认。一种寻找深层意义、建构深度模式的冲动，驱策着各种除旧布新的艺术实践，建筑界由此呈现出多元化的局面。因而摒弃、超越现代主义的形式，终止其恶性循环的无意义的形态表现，创造新的审美文化意象，已经成为当代建筑美学的当务之急。

众所周知，现代主义建筑美学的核心是功能主义。然而现代主义建筑美学已经习惯于根据合理性事物的最平庸形式来定向，因而倒是我们的审美感知力的全面钝化和形态创造力的全面退化。特别是现代主义建筑的非历史态度，割断历史文化联系的"无情景性"或者说"无场所性"，导致世界各地的建筑面孔僵化，千篇一律。这种态度实际上是拒绝承认历史的连续性，企图以自身的美学霸权建立无"内涵"的历

作者：白传巨

史，结果反而使现代建筑陷入无根的、真空的尴尬境地，这不仅没有把建筑引向现代主义者初期所期望的那种令人兴奋的境界，反而导致了建筑审美文化的全面丧失。因此反现代主义的先驱们就率先对现代主义的功能主义美学提出质疑。路易斯·康就针对芝加哥学派沙利文提出的"形式服从功能"观点，提出了"形式唤起功能"的观点，并说："建筑是有思想的空间创造。"作为现代主义营垒的最后一位大师，路易斯·康从形式关怀的角度批判了现代主义建筑对形式的忽视。

纵观整个西方建筑历史的发展历程，无论是从古希腊古罗马到文艺复兴，还是从现代主义发展到现如今纷繁复杂的诸多学派和主义，人们都在试图寻求一种独有的、代表个人或者小部分团体看待建筑的一个视角或者切入点，找到一种适合自己的体系，试图将这种思想固定化，以此作为自己工作和设计的主轴，来应对种种不同类型的建筑。有甚者还将自己这种不具备普遍性意义的思想大肆宣扬以求得自己在建筑史当中的一席之地。

不管这些所谓的标签、主义、个人观点是否存在普遍性的意义，不难看出，人们一直在为寻找一种一成不变的建筑永恒而不断努力着。因为在人们的潜意识当中，都相信存在着这样的一个常数来指导我们的建筑设计，最终使我们的建筑能够得到永生。我也坚信这一点。

"建筑常数"究竟是什么呢？

在讨论这个问题之前，我想举个中国传统书画方面的例子。在书画界，人们常说"书中有画意，画中有书法。"意思是说，在一幅书法作品当中，要在字里行间表现出一种画境；在绘画的过程当中又要体现在书法当中的一丝笔韵和法度。我们都知道，在古代，毛笔是人们唯一在纸上留有痕迹的工具，无论写字还是作画都要用它来表达，而在纸上形成各种各样的形式，线条则要通过作者的技法来反映在纸面上。书法讲究的是一种法度，因为文字的排列组合是要传达一定的信息，使人读懂；而绘画则要求用精炼的线条和笔触来表现自然的景物。毛笔作为工具仅仅是一种媒介，而蕴藏在其背后的则是作者所要抒发的情感，那么之所以会产生"书中有画意，画中有书法"的观点，我想这与中国传统天人合一的思想境界追求是分不开的。我们的古人始终在向往着将自己融入自然当中，因为他们始终认为人是自然的一部分，人们要主动地与自然相互对话，相互沟通，与自然产生某种难以用语言来表达的一种关系。那么这一点，也体现在了中国传统文化上。单从中国建筑史方面来看，我们的传统建筑形式就吸收了多少外来的养分，最终形成了中国独有的建筑形式。

"天人合一"，一直是传统中国最基本的指导思想，这种观点在中国传统的各种艺术形式当中都有所体现，那么反应到建筑当中又何尝不是呢。表面上来看，建筑是装载人们各种行为的容器，那么建筑有何尝不是装载人们精神向往和精神寄托的一个容器呢？如果把建筑上升到能与人们的心灵和思想进行交流的高度，那么建筑就有了灵魂。人们建造了建筑，而与此同时建筑反过来同样也影响了人们的行为。当一个普通百姓走在北京紫禁城的中轴线上的时候，即使他从来没有领略过皇权的威严，没有接收到来自皇城的任何信息，他同样会感到一种压抑和庄严肃穆。这就是建筑所传达出来震撼人们心灵的东西。只有能与人相互交流，传达感情的建筑，才能称得上是一个优秀的建筑，才能称之为是一个永恒的建筑。

综上所述，建筑不仅仅是空间的限定，不仅仅是承载人们行为的容器，它还有灵魂和精神。人活着讲究精气神，同样，作为能与人们心灵交汇的伟大艺术形式，建筑也要具备自身的精气神。这才是建筑所要永久表达出来一种气质。这就是建筑的"常数"。

怀着建造永恒建筑的梦想来开展工作，用这样一个"精神常数"来指导我的设计行为。
建筑艺术，一直以来被人们所探讨、研究、总结和宣扬。它之所以有这样的魅力能让一代又一代的人们为其奋斗终生，我想这与建筑和人之间存在某种共性是分不开的。当你设计一栋建筑的时候，就好像在和一个实实在在的人谈恋爱。我们要努力地了解它、探索它、分析它所处的位置、气候、人文条件，然后用自己的感受和解读来描述它、表达它、反馈它，帮助它找到更加适合自己生存的环境和理由，最终使设计者融入到整个建筑当中去，用自己的心血来为这个钢筋混凝土躯壳注入灵魂。

随着人们生活水平的提高，人们对精神层面的要求越来越高，尤其是沉浸在各种艺术创作的艺术家们，他们对自己所要居住的处所有着不同于常人的要求。他们不仅仅要使自己的房子能够满足舒适的日常生活，同时也要满足他们艺术创作，而这种创作同样需要建筑也承担一部分其灵感的来源。那么针对这样的一部分人群来说，他们所要居住的社区，已经远远超出原来的生活型社区，它已经逐渐的变成一个生产型社区。人们可以全天候的在这样的社区当中参与各种各样社会活动。前桑林子艺术园区便是这样一个社区。

在这样一个社区当中，聚集了从事各种艺术形式的艺术家，有版画家、雕塑家、油画家、书法家等。正是因为他们都有着各自的艺术追求以及不同的艺术倾向，导致各个业主对自己的房子都有着各式各样的要求，这也为我们建筑设计工作的开展带来了很大的困难。我们也试图寻找一种既可以标准化又能够最大限度地满足业主各种要求的合理方案。"个性"与"标准化"这对矛盾在我们的脑子里打的不可开交。我们不可能为了满足各个业主的要求而把每栋建筑针对其个性来建造。

最终我们试图创造一种模糊的建筑界限，创造一种无表情的建筑空间，仅仅采用两种简单的材料来建造房子，它们犹如一张崭新的画布，一块未经雕琢的石头，一卷未曾展开的卷轴，让艺术家们在其上自由挥洒，我们的设计与建造过程仅仅是这个社区生命的开始，真正能赋予这个社区灵魂的，是充满着创造意识的业主们。他们会给予建筑成长的养分，最终让建筑充满各种各样的气质和表情，它们是与住在其中的艺术家相对应的，而且会随着时间的慢慢推移而越发鲜明甚至是张扬。到那时建筑就会成为这个社区当中的另一个有意识的主体，它们可以和艺术家们对话、交流、传达感情，并散发着勃勃的生机。

一个伟大的人物，他从普通人群中来，当他脱颖而出的时候，他的光芒却照耀了更多的普通人，他的事迹反过来也影响了更多的普通人，最终被人们所铭记。在历史的长河中，人们可能早已忘记了他的长相，但他们的精神最终被人们所传承，他成为了人们心目中的永恒。那么一座伟大建筑的产生，它不仅仅要求创造它的人赋予它健全的身躯，更要倾注创造者的心血而赋予其灵魂。建筑的功能、空间、结构、材料、建造技术等仅仅是组成建筑躯体的细胞，它们并不能使建筑成为永恒，它们只能作为建筑函数中的变量来加以关注，而建筑与使用和观赏它们的人们相对话所表现出来姿态和气质才可能称得上建筑当中唯一不变的常数。我以为，这个常数才是建筑师唯一可以用一生去追求信仰的宗教！

路曦遥 K8 建筑工作室主创建筑师
沈阳建筑大学 08 届毕业生

建筑的生命特征

李巍山

"三十辐共一毂，当其无，有车之用。埏埴以为器，当其无，有器之用。凿户牖以为室，当其无，有室之用。故有之以为利，无之以为用。"这一段《道德经》从最初由赖特引用来定义建筑空间，似乎就被当成了建筑的定义，深深地印在了每位建筑师的脑子里。但真的是这样吗？毋庸置疑，"有之以为利，无之以为用"的确对建筑空间的描述非常贴切。但建筑只有空间吗？

我认为那只是建筑的组成部分，就好像我们不能对着人的细胞说那就是人一样。人除了肉体，还有灵魂，它包含了人类所有的知识、智慧以及感情。建筑也是一样，除了空间以外还有它自己的灵魂。这种灵魂完全服务和改变着其自身空间所营造出来的功能，进而反作用于和其发生关系的人的行为，比如思考、活动、休闲等。我们总会有这样的感受：我们喜欢在这样的空间里睡觉；我们喜欢在这样的空间里写作；我们喜欢在这样的空间里舞蹈……这些都是不同空间带给人们的感受。即使是同一空间在时间轴上的不同时间节点也会给人别样的情感，晴天与雨天不同，白天与夜晚不同。这便是人与建筑之间的互动，是两者之间灵魂的沟通！也正是这份两者之间的相互作用，促使我们的先人相信空间内的气场是会影响人的行为。不同时间不同地点出生的人应该居住或使用不同的地理位置或空间形式，让这样的空间环境所营造的气场也会充分的影响我们的行为，让我们向更好的方向发展——这便是风水对中国古典建筑布局的影响。没有人就没有建筑，永远的天人合一。

也许很多设计师都有这样的感受，当我们走到我们自己的设计作品中时，总会有一些地方是超出我们当时的设计构想的。也许是一束斜射的光线，也许是某片未经处理的墙面，甚至是某个没有重点设计的节点，他们往往都会给我们意想不到的收获，平添几分惊喜，使自己的设计更有气质。实际上这些超出我们设计的部分，就是由建筑自身的空间秩序对场地现状进行处理以后自然生成的，这便是建筑的灵魂。而这一切的一切并不是靠几张照片就所能表达的，必须有亲临现场的人才能体会得到。正如众人对彼得卒姆托的评价"他的建筑很难用照片去表达"。也正是这部分不确定性，更增加了建筑创作的灵活性与未知性。因为我们可以预测出建筑的形态与特征，但似乎我们永远也猜不透它最终的性格。与其说它是我们创造出的建筑，倒不如说我们仅仅是为建筑接生的产科医生。只有当建筑真正落成，交付使用时，我们才能真正了解他的全部，包括情感、性格、气质。

既然是生命体，它就有自己的社会作用以及相应的生命周期。从作用这个的角度讲，它更像是一种"酶"。"酶"就本质而言是一种生物蛋

白质、RNA 或其复合体，其作用是催化剂。它参与反应的全过程，却不会因为反应而改变自身的某些特性，只起到加快反应进程的作用。建筑也是一样，"人"便是在其中活动与反应的主体，而建筑就是催化剂。办公建筑让我们的工作更有效率，住宅建筑让我们的休闲时光更加放松，交通建筑让我们更有效地利用交通工具。建筑参与了我们生活工作的每一件事情，却没有因为人的活动而改变了自己的结构，改变了自己的性质。貌似一个旁观者，却在无形之中起了很大的作用。只有当这种反应消失了，即人们的某种生产或生活活动停止了，建筑才最终消亡，或根据其自身的某些特质改变成了别的建筑或功能体。当然也有部分建筑被当作时代文明的标本保留了下来，变成了文化建筑继续使用。而这一切的生命周期都是由反应的存在而决定的，即人类的生产生活活动。虽然从作用的角度它更像是"酶"，但就其与人们情感互动的角度看，它更多时候扮演的是人类精神寄托的角色。人们会把家比作温馨的港湾，把办公室比作实现人生理想的竞技场。人们每次进入这样的空间都会有类似的感受，虽然不尽相同，但总能激发人们从事相应活动的动力，让人更好的进入相应的生活状态。

总之，建筑就其定义而言，应该划分为形而上和形而下两部分。其中形而下的部分就应该是"有之以为利"的结构与表皮撑起的建筑主体和"无之以为用"的建筑使用空间。而形而上的部分就应当是由建筑的表皮与结构所组成的空间秩序所中自然生成的建筑气质，即建筑的"灵魂"。这种气质会因为建筑自身的逻辑与秩序，在遇到各种不同场地的局限时，产生相应的符合自身逻辑的变化而变化，并由此引发建筑个性的改变。所以，建筑的灵魂除了具有灵活性与多变性以外，还有其自身的唯一性——这也是一切伟大艺术的共性。

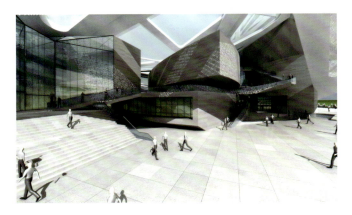

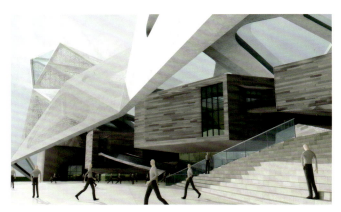

李巍山 K8 建筑工作室建筑师
沈阳建筑大学 07 届毕业生

当代建筑地域性特征的理解与表达

——沈阳宋雨桂美术馆创作札记

王雷

所谓"地域性"是指事物的地方特点、区域特点。反映的是传统积淀所形成的地方特征，隐喻了对传统的保持，是与"国际性"、"全球性"相对立的概念。改革开放 30 年间，中国建筑行业在设计观念、样式和方法等领域中，基于经济高速和制造业的强大，当今获取"技术与力量"似已轻而易举，所以"技术"的魅力日渐消退。为此，当地人尽管身处"有史以来科技无所不能的最发达时期"，但却无法割舍人类最本质的一层，即"对自然的依恋"。人们情不自禁地避开与"批量"相关的"商品"，避开与"通用"相关的"法则"，而在相对"不易批量和难以通用"的"独特"中，去选择或强调由其显现的差异，以及由差异呈现的"地域性"。

事实上，地域性不是一个问题，而是一种显示状态，最近网上流传的一则关于食品安全的帖子有助于我们通俗、甚至玩笑地理解一下地域性的特征。题目是地沟油提出改名申请。"理由有：1.这年头，有喝奶粉喝死的，有打疫苗打死的，但有吃地沟油吃死的吗？没有！2.地沟油符合绿色环保、循环利用的低碳经济理念。3.地沟油有助于解决就业、促进 GDP 的增长。4.地沟油物美价廉，具有中国特色。综上所述，地沟油应改名为'中国特色经济适用油'，简称中适油。"虽是调侃，但所传达的信息——中国特色的市场经济体质和政策需求催生了地沟油的"地域性"特征会引发我们的反思以及对于地域性概念的界定。

我们要坚信"地域性"与"落后"无关，它包括"传统"但不等同于"传统"，它在相当程度上取决于人与环境的相处之道；回望大部分"地域性成果"的价值，它们均属特定时空条件下"智慧与环境的高度融合"。基于此，我们在宋雨桂艺术馆的项目设计中不断深入思索地域性特征的表达方式。

2011 年 5 月份我们接到了宋雨桂艺术馆项目的设计委托，宋雨桂是国内知名的国画大师，现为中国美术家协会理事、辽宁美术家协会主席。画风清新飘逸，在干湿笔墨和色彩的处理上，匠心独运；在酣畅淋漓的水墨世界中，尽情施展着艺术家的才情，营造出物我为一的浩然气魄。沈阳市政府的领导们为了能让宋大师的作品在沈阳安家落户，计划在长白岛内河沿线兴建宋雨桂艺术馆，从而提升辽沈人民的艺术文化修养，带动沈城的艺术相关产业的发展。艺术馆用地南至滨河南路，北临新开河，西至沈苏路，东至用地界线。占地面积 1.68ha，建筑面积 10 000m²。功能主要包括美术馆、大师工作室、公共工作室和相关的配套服务设施。如此以来，该设计中的地域性特征就自然而然的被特指为建筑与环境的相处之道和建筑表情对宋雨桂大师的艺术修养的表达了。

关于自然

在进行场地和环境分析之后，我们了解到该地块的自身条件对于建设

一个美术馆来说是有些先天不足的。西临城市快速路，不仅噪音大，而且不能开设入口，南侧的小路作为主要入口，显得气场不足，虽然北侧临着新开河的河畔花园，景色怡人，但四周高层林立，各小区住宅争先恐后的煞风景，作为设计师该如何面对？从宏观角度讲，美术馆的体量和高度是无论如何都不能与高层住宅一较高下的。我们的策略是尽可能完整地处理艺术馆的形象，使用简洁化、原型化的造型搭接组合，目的是让人一目了然，记忆深刻。我们设定了不同的身份特征，比如参观者、工作人员、城市群众等，圈定在各自不同的观察平台上，尝试与环境结合时所希望产生的未知视觉形象的描述。而后对于数个未知的模糊的设计片段进行叠加、整合、筛选、提炼，最终得到了一个令人满意的解决方案，我们称它为"围城"。基本的构思来源于对周围环境和功能的分析，美术馆相关产业、美术馆和工作室的性质定为公共、半私密、私密。所以规划上有意将美术馆相关产业和美术馆建筑群设置在沿城市街道的西南向。如同两道城墙，将工作室和院落保护了起来，平面形体上是由一矩形（大师工作室），一圆（公共展厅）和一三角（美术馆相关产业）的几何形象组合而成，从而两道"城墙"又形成了一线、一面不同的活动空间，满足了使用者和参观者的不同的功能需求，同时也促成了相关产业的商业氛围和工作室内质庭院的幽静舒适。

关于人文

宋大师的作品多为展示北方的地域特色，泼墨泼色花卉和反映北国苍茫严冬的寒林与日落。表达着生命的律动，热情的激荡，梦境的淋漓。

我们一再努力试图让建筑的表情成为宋大师艺术修养的体现和延伸，联系着参观者和大师作品的精神境界。于是设计概念从"围城"演变成"高山流水"的知音难觅与气势磅礴。建筑的形体取自于中国北方传统民居的形象，进行变异。屋顶多采用单坡顶形式，坡度较陡，突出形体的竖向张力。从中心的四合院到圆心展厅，再到三角形的辅助用房，层层跌落，恰似灰色的远山巍峨矗立。而公共展厅部分与大师工作室之间的荷花池与立面上墨绿色明框幕墙相配合，一直向场地北侧跌落，最终与河水无边界相接，形成了流水的意境和气质，抒发着宋大师的艺术情怀。

对于地域性的表达，每个建筑师在受过中国传统建筑教育之后，都会或多或少的有着趋同性，或许是因为我们对"地域性"的认知始终是基于全球化的趋势和价值观的一元化而言的，又或许在某种程度上，我们所强调的地域性特征。一方面是意味着我们在追赶如日本建筑师对本民族传统空间的理解和探索，而另一方面又隐喻着我们回避着在

王雷 K8 建筑工作室主创建筑师
沈阳工业大学 07 届毕业生

国际化建筑风格主导下的中国建筑市场的不堪与本土建筑师的脆弱，这似乎也是地域性的一个表现。如果我们排除当下本土建筑师所不可跨越的政治、文化、经济等方面的鸿沟的话，面对地域性的特征建筑师应该如何展现与表达？我个人认为，努力用时代的审美标准来塑造真正属于那块地、那片天、那群人、那份情的建筑作品，就会使廉价的建筑变得高贵甚至是永恒。

这是一个令人兴奋地工作，我们始终在路上……

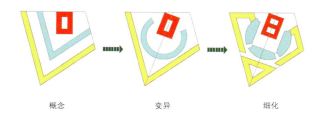

概念   变异   细化

盘锦海工科研基地

宋世光

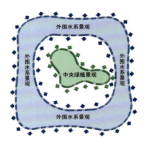

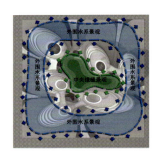

建筑是人们工作、休息和生活的载体，是人与自然之间的一种媒介。人与人之间大部分的行为活动都是在建筑空间中完成的。建筑空间的确定甚至会限定人的行为模式，人在不同的建筑空间有着不同的空间感受，比如人在教堂里，高耸的空间增加了神秘的氛围，很自然地推动人对"神"的崇拜和敬仰，人在这里直接和"神"交流。建筑师不但创造了一个神圣的空间，还创造了一种人在无助时的精神寄托。与教堂空间不同，人不再是和"神"对话，对话的对象变成了拥有至高无上权力的"人"。建筑师又是通过这种空间处理手法来诠释了"人"和"权利"的关系。

通过建筑空间可以实现人与人的交流，我觉得建筑空间在满足人与人交流的基础上应该进一步从城市设计角度去考虑，可以是"建筑"与"人"的互动，甚至是"建筑"与"建筑"的互动。从城市的角度看建筑，应该不是孤立的一个建筑单体，因为建筑在变，所以城市在变。建筑是组成城市的一个小的"单元"，"单元"与"单元"之间的和谐与否直接影响城市的"健康"，所以在我看来，建筑与城市的互动是能让城市保持活力的根本动力，建筑不再是过去单一满足人们基本生活功能的"封闭空间"，而更多的是充当"人"与"人"，"人"与"自然"的媒介，甚至可以没有"形式上"的建筑，现在人们追求的更多是一种对自然的崇尚，一种返璞归真。

安藤忠雄的水的教堂是"人"、"自然"、"建筑"的关系的最好的诠释。水的教堂位于北海道夕张山脉东北部群山环抱之中的一块平地上。每年12月到来年4月这里都覆盖着雪，这是一块美丽的白色的开阔地。安藤忠雄和他的助手们在场地里挖出了一个人工水池，从周围的一条河中引来了水。水池的深度是经过精心设计的，以使水面能微妙地表现出风的存在，甚至一阵小风都能兴起涟漪。面对池塘，设计将两个分别为10m见方和15m见方的正方形在平面上进行了叠合。环绕它们的是一道"L"型的独立的混凝土墙。人们在这道长长的墙的外面行走是看不见水池的。只有在墙尽头的开口处转过180°，才第一次看到水面。在这样的视景中，人们走过一条舒缓的坡道来到四面以玻璃围合的入口。这是一个光的盒子，天穹下矗立着四个独立的十字架。玻璃衬托着蓝天，使人冥思禅意。整个空间中充溢着自然的光线，使人感受到宗教礼仪的肃穆。人们从这里走下一个旋转的黑暗楼梯来到教堂。水池在眼前展开，中间是一个十字架。一条简单的线分开了大地和天空、世俗和神明。教堂面向水池的玻璃面是可以整个开启的，人们可以直接与自然接触，听到树叶的沙沙声、水波的声响和鸟儿的鸣唱。天籁之声使整个场所显得更加寂静。在与大自然的融合中，人们面对着自我。背景中的景致随着时间的转逝而无常变幻。安藤忠雄通过这个项目把建筑、自然与人的关系诠释得淋漓尽致。建筑不是独立的建筑，它与自然景观融为一体，成为人与水体景观，周边自然景观交流互动的媒介，在这样的空间环境与自然环境中，人能真正体会"神"的空间意境。

宋世光 K8 建筑工作室建筑师
沈阳建筑大学 09 届毕业生

盘锦海工科研基地的设计是我对建筑空间与人的关系的一种理解。项目位于盘锦市辽滨开发新区，与辽河毗邻，生态环境优越。但是由于是新区，周边建筑不是很多，配套设施还不是很完善，这是这个项目地理位置的一个缺陷。主要的功能是海洋装备制造的科研、企业孵化器以及配套的厂房和宿舍。看到任务书"海工科研"立刻刺激到了我设计的兴奋点，怎样能在这样一个环境优美的地方创造另类的空间意境与这个主题相呼应。同时，还有一个需要解决的问题，基地容积率只有 0.5，在周边还是的荒凉的新区的时候如何保持建筑的体量，不至于让建筑在周边自然环境内显得很渺小。

我把这个项目当作一个景观工程而不是建筑工程来看待，通过用建筑群的方式来解决这一系列问题。我将建筑功能分成大小不等的 7 个球体，每个球体独立成体，彼此又可以通过空中的连廊进行联系，建筑群形成的空间会让人在这样空旷的环境内不觉得孤单。当人们接近这组建筑群时，对于基地传统意义上的标志建筑消失了，取而代之的是一个供公众使用的公园。我把它当作一个与城市互动的小型"开放性景观"。公众可以在这组建筑群里互动，既是建筑与城市的互动，又是人与人的一种互动。建筑群以特别的造型形成了一种与城市互动的"雕塑景观"。为了不让建筑群在基地上显得突兀，水的引入是一个重要的因素，不但能强调建筑群体的体量感，还能增加建筑空间的趣味性，水体景观让建筑群能与"水"互动，建筑"漂浮"在水上。工作人员可以通过防腐木打造的亲水平台直接与自然景观对话，建筑成为了人与自然交流的平台。这样的处理既可以削弱周围环境的寂静，又能增加人与人交流的趣味性。

为了让基地有一个相对私密的内部公共活动空间，这里的"私密"是相对于水体景观层来说的，公众一样可以来到这里进行公共交流，我将建筑群围合的部分做了一个下沉一层的庭院，让在这里的人忽略了基地周边的环境，与水体景观层不互相干扰。中间种满各种绿植的岛屿提供了另一种景观形态，这样绿植景观和水体景观的互动形成了建筑群体的人与自然交流的途径。这样的景观组合形式，把"建筑"、"自然景观"、"人"的关系做了一种新的梳理，希望这里的景观环境能其中的工作人员在"大漠孤烟"的环境中找到一片"绿洲"。

建筑原本的意义越来越模糊，甚至没有真正意义上的建筑，人对自然执着的追求是改变这其中关系的根本原因，我相信建筑会成为促进二者关系的催化剂。

建筑时装化

于雅娜

我从小就迷恋时尚带来的新鲜感与冲击性，一度想成为时装设计师。如今成为建筑师的我，觉得自己似乎在以另外一种方式完成自己的梦想。奢华夸张的巴洛克，低调极简的现代主义，建筑的表情千变万化；繁复古典的蕾丝边，大方简单的普普风，时尚的风格瞬息万变。我处在时尚潮流与建筑流派的交汇处，犹如一个媒介，每当建筑与时尚的信息相碰撞时，就会异常敏感与兴奋。一度我觉得自己很偏激，后来看见扎哈·哈迪德说的一句话，令我略感安慰："购物是参观一座城市的好方法，很酷的博物馆可能只有一座，但很多商店都是非常有趣的建筑。而且他们的营业时间比博物馆长，无需门票，万一你无法抵挡尚品的诱惑，也只需付点退出费。"恐怕女建筑师都有这样的症状吧。这点在后来的日本之旅中得到验证，购物果然是参观一座城市的好方法。

这只鞋子的鞋跟是方方正正的，甚至在连接鞋子处也特意设计成棱角分明的样子，鞋跟的金属感十足，鞋身光亮的灰色漆皮质感，灰黑的颜色对比，几何线条。每天和建筑打交道的我，分明觉得设计师是将金属钢结构做为了鞋子设计的灵感。

想来，时装的建筑元素引入恐怕早已成为潮流与手法。同样，我们又何尝不是将建筑时装化了呢。在这个方面，世博会应该就是最好的一个例子。

我们住在建筑里，建筑就是我们的环境。我们每天都与建筑打交道，就像我们的衣服一样。两者是有关结构与材质，恒久与短暂，柔软与坚强，安全与暴露的关系。建筑自古以来就是力量、安全的象征，而时装则被视为流动的建筑，建筑与服装在某些本质意义上是一样的，它们都使人与动物有所分别，与自然有所区隔，带来保护与活动的空间；它们都是人类文化的载体，都是身份与记忆的表述，是人的延伸；二者都提供了一个结构装载人体，只是不同的比例。与此相呼应的是，荷兰建筑大师库哈斯在《S.M.L.XL》中，以服装号型的小号、中号、大号及超大号来暗喻建筑事件中的尺度与比例。在库哈斯那里，建筑与服装一样，都属于社会学研究对象，都存在着某些符号性的语言片段。

想到这里，我转而研究了一下历史中时装的审美与建筑相互影响，亦有不小的收获：建筑风格与同期女装的风格几乎如影相随。

哥特式建筑空灵、纤瘦、高耸、尖峭。哥特式服装风格主要体现在服饰形象是高高的冠戴、尖头的鞋、衣襟下端呈尖形和锯齿等锐角，在面料上表现出与哥特式教堂内彩色玻璃的效果是一致的光泽和鲜明的色调。巴洛克建筑外形自由，追求动态，喜好富丽的装饰和雕刻、强烈的色彩，

常用穿插的曲面和椭圆形空间。受其影响，其着装特点是大量的使用蕾丝、花边，并配以奢侈豪华的装饰。

洛可可建筑风格细腻柔媚，常常采用不对称手法，喜欢用弧线和S形线，同时期的时装特点是极致的优雅和精致，也打破左右对称的模式，创造出一种非对称的、带有轻快、优雅的运动感的、自由奔放而又纤细、轻巧、华丽、繁琐的装饰样式。

新古典主义建筑风格将古典元素抽象化为符号，一方面保留了材质、色彩的大致风格，可以感受传统的历史痕迹与浑厚的文化底蕴，同时又摒弃了过于复杂的肌理和装饰，简化了线条。同时期的女装以自然简单的款式，取代华丽而夸张的服装款式，使女性着装又一次回归到淡雅、自然之美。

想来，建筑与时装自古就不分家，它们的前世今生早就是互相影响，连续共生。那么在当下，这个审美日趋多元化的时代里，越来越多的现象表明，建筑的新动向已无法脱离"时尚"元素。

6月的日本之行，让我见识了东京表参道世界上最流行的时装，同时这里的专卖店也代表了世界建筑设计的潮流。赫尔佐格德梅隆的PRADA东京旗舰店，青木淳的路易威登专卖店，伊东丰雄TOD'S专卖店，我觉得建筑表皮时装化的特性，甚至是其经营标志的象征，是形式与内容，结构与功能的完美结合。

下面提到了我们的一个工程实例——尊荣一方炫彩青年公寓。本项目位于沈阳浑南大学城旁，就其基地的优势，欲打造一个以大学生为主，年轻人独特的生活社区，希望能导入一些新的生活模式与理念。由于销售对象以年轻人为主，整体风格力求打造轻松，艳丽，年轻人的炫酷体验。犹如一条颜色缤纷的碎花长裙，艳丽、炫彩、随意、灵动，设计希望营造青春的风韵。创意来源于时尚，来自于时装的设计，这就是时装在建筑中的延展，它催生了时装化的建筑。楼盘整体色彩明快鲜艳，阳台以盒子的形式构成式挑出，加强了立体跳跃感。入口处的表皮处理更是现代感十足，体现了年轻人超时代的简洁敏锐的时尚感。

小区另一大特色是其景观处理。犹如旋转的裙摆，旋转流动。这种跳跃的运动流变营造交通流线的同时，也将园区场地划分为不同的功能区域。通过流动交通体验将居住者带到城中花园，屏蔽了城市的噪音，粉尘的干扰。流动的交通同样赋予功能性，满足人们休闲，娱乐，回归自然的需求。交通廊道的雨棚采用镜面的金属板，人在具有功能性

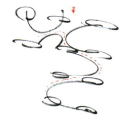
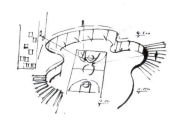
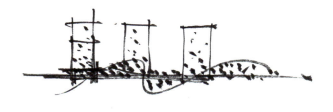

的廊道里活动，可以反射在金属板上，此时的金属雨棚犹如另一个漂浮的社区生活，人们可以直观地审视自己，同时以一个崭新的视角来观察城市，体味生活。达到年轻人结构生活——营造空间——引导行为——重组生活的理念追求。

毋庸置疑，建筑具有时代性，每个时期都有不同的建筑特征和风格。而每个时期也必定有其流行的时尚元素，建筑与时装由于存在审美的需要，对于时尚的青睐是由来已久的，这也是出自于人类求新求变的本性，时装则为建筑带来了更多的可以借鉴的新的审美取向。同时我还是想提醒一下，大部分时装在设计出的那一刹那，已经过时，这就是时装的瞬间性。许多建筑师也认为时尚的魅力就在于其瞬间性和即逝性。建筑却不同，一栋建筑应由其可持续性或文化性来判断其价值，它可能会花费多年时间去设计和建造，这就是建筑的永久性，是时装所不具备的。换句话说，以一种批判的眼光看，建筑中的时尚倾向只能是建筑的一种潜在元素与审美标准，当众多建筑师相信建筑形式的不确定性是新建筑的潜在因素时，同样多的时尚元素在建筑中使用，来诠释时代的意义。

希望时装能以独有的方式在建筑界中延展，将建筑时装化进行到底。

于雅娜 K8 建筑工作室建筑师，党支部书记
沈阳建筑大学 10 届毕业生

理发与建筑

邵畅

总是喜欢理发时候的感觉，每隔四五个星期理一次。每次怀揣激动的心情，期盼理发师能用其神奇的双手创造奇迹。理发时更是喜欢闭上眼睛，期待睁开的美妙时刻。这个习惯伴随多年，期间有喜有悲，有过一两个很棒的理发师，但因为种种原因终还是消失在人海，于是换了一家又一家理发店，一个又一个理发师，他们最常问的一句话就是：您想剪什么样的？我总是回答说：您看着剪吧。

不知他们是否愿意听到这样的回答，作为"甲方"的我给他们提供了宽泛的条件，其他任由其随意发挥，当然每次也会有限定的条件不能更改，比如不能染发不能剪短之类的，而理发师总会热情的推荐我这样那样的新发型，并拍胸脯保证一定好看。当然结果有好有坏，总结其原因——再好看的发型不适合你也是不行的。因此，一个好的理发师应该在了解客户需求的同时，还要判断出哪款发型更适合顾客，并及时与之沟通。

如同做设计一般，有时甲方不会提出任何要求，任由我们发挥，但结果却常常不能令其满意，我们百思不得其解，慢慢才意识到：是否我们太过急于表现自己而忽略了与其沟通，是否忽略了一些与项目相关的重要信息。因此，我们首先要搞清楚甲方需要什么。就像饭店的厨师烧菜，食客是南方人口味偏甜，但这顿饭就想吃口味偏咸的菜肴，你就不能上按照既定思维去准备甜口的菜式了。随时关注顾客的需求而不是顾客本身，才是更重要的。我们通常容易犯的毛病是，这块地条件不错，要是按这种想法设计，一定会出好的作品。但如果你是开发商，你花这么多钱，你还会这么想问题吗？

当然有时理发师为了保险起见，只是简单地按照我之前的发型修修，回头问家人朋友，得到的回答很一致：没什么变化。进而让我放弃了再去的念头。设计有时也是这样，一个好的想法用得多了，便也失去了它最初的光彩，太过保守并非好的解决之法。如何在创新中发展也是我们需要思考的问题。

记得刚加入我们团队的时候，接到的第一个任务是一个小区规划——空中巴比伦。经过数日数夜的奋斗，克服了一个又一个困难，终于做出了一个完整的方案：一条连廊联系商业区的建筑群，动静分区明确，两条内部商业街贯穿小区东西，结合基地天然的下沉地势，与园区内景观、双层连廊、屋顶花园结合，形成下面开敞的商业"动"区，和上面封闭的休闲"静区"。其中更有细节思考。其一，大型全封闭居住型社区——小区内部人群在空中花园进行活动；商业街人群在地面和地下商城活动。其二，多层电梯洋房，每户赠送空中花园。其三，户外下沉运动场。其四，地块南侧40m宽，1000m长的带状健身公园，

邵畅 K8 建筑工作室建筑师
沈阳建筑大学 09 届毕业生

是纯天然的氧吧。其五，大量全方位的公建配套，满足日常生活的各项所需。正当我与带我的师兄沉浸在喜悦中时，一个坏消息传来：方案并没有通过。甲方希望能够快速资金回流，提出的想法是先盖一部分商业卖出，利用其收益资金再建住宅，与我们的方案——住宅下面建商业网点的做法背道而驰。

当时的我并不理解，为什么辛苦的结果会变成这样，明明是个很好的方案却没有得到认同，出了一轮又一轮方案，进行了一次又一次的修改，大家身心俱疲。但随着工作中的积累，慢慢体会到，做好一个设计并不是那么简单的事情，再好的设计也要首先考虑甲方的要求，在其限定的条件基础上再提出更好的想法。如同理发师要经过丰富的经验才能慢慢地判断出适合顾客的发型一样，做好设计并不是一朝一夕的事情，需要慢慢地去摸索。

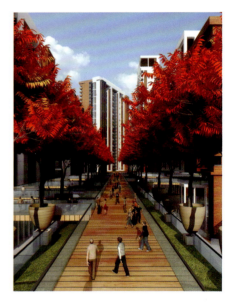

我们在今后的工作中，还会遇到各种各样的问题，希望甲方如我们理发那样，给理发师相对宽泛的设计空间，同时设计师们也要进一步提高自己、相互理解、及时沟通，当然要做到这些不是很容易的事，这需要甲乙双方的共同努力。

从小做起

——盘锦水榭春城规划展示中心的设计过程回顾

史振宇

弹指间从业五年了，建筑设计是我钟爱的职业，很可能我会为此付出一生的努力。两年前从国营大院进入民营设计院，为的不是优厚的待遇而是我所钟爱的设计，希望能找到一片自由的天地可以自由思考，可以自由创作。抛开成败不提，至少思考从未停止。

本人标准 80 后生人。生于 80 后，生命中充满了矛盾，既享受着改革开放的物质成果，又要为国家超速发展造成的副作用买单。有时我想，个人超速行驶会被处罚，国家的超速行驶谁来控制？小时候的新闻和报纸摘要总在不停地论战：政治上，是姓"社"还是姓"资"？经济上，是计划经济还是市场经济？后来 1992 年邓小平南巡之后终于有了结论——发展才是硬道理……

烙上了 80 后的印记似乎永远就摆脱不了矛盾的命运，歪打正着学了建筑学，本以为避开了政治、经济、法律这些矛盾比较多的专业，却发现设计一样充满矛盾。上小学时大楼都要戴上中式的"帽子"，中学时"欧陆风"遍地吹，上了大学却开始批判"欧陆风"。毕业了，我来到了心中最美丽的海滨城市——大连，却发现大连已经不是儿时记忆中的大连了，在商业开发的利益驱动下这个城市已经满目疮痍……我刚在大连建筑设计研究院工作时，前辈们说要做成"简欧"风格方案才会容易通过，于是我做了几个"简欧"风格的大项目……

后来我加盟了都市设计的大连公司，康总给了我在东北应该是最宽松的创作条件了，希望我能做出让人感动的设计。现在回忆起来，从大连市院出来并不像康总说的："小史是哭着喊着要跟着我做设计！"事实是这样的，尽管国营大院的生活相对幸福安逸，但却没有康总抛出来的辽河文化概念的血性让我心动。康总说东北的建筑师该争口气，有些血性，"要珍惜自己的文化！"我生于营口是在辽河边长大的，辽河等同于我的母亲，为母亲做贡献是义不容辞的，我似乎找到了谭嗣同"我自横刀向天笑，去留肝胆两昆仑"的豪迈气势。

在不断地挣扎和探索中，我发现要做出能称得上"作品"的设计就更难。很遗憾，从业五年了，至今没建成一个让自己满意的作品。但我并未因此而灰心，写此文章是为了总结一下经验教训，也是为了放下包袱，有更加美好的未来。

我从一个很小的项目——盘锦水榭春城规划展示中心谈起。一年以前，盘锦天力公司要在盘锦的双台子河畔建一个整个区域的规划展示中心。

这个项目位于风景如画的双台子河的大坝上，毗邻湿地公园，我认为它本身应该是湿地公园景观的一部分，所以我是从景观的角度入手分析的。建筑空间自动分成了两个部分，对外的界面是湿地景观。利用大坝与湿地公园 6m 高差架空出一个观景平台。建筑主体每层直至屋顶的观景平台由室外的坡道连成路径。对内的界面是一个围绕中心展示沙盘旋转上升的坡道。这样可以让人们从不同的标高看到这个沙盘的空间关系，了解整个区域的规划成果。室内外的两条坡道分别沿正反时针方向蜿蜒上升，构成建筑的内在逻辑。面积控制在 3 000m^2 之内。在这些条件下，我有了第一轮方案。

甲方认为我做出了一个他们喜欢的好方案。正当我满怀激情准备开始对这个方案进行施工图设计的时候，噩耗传来了——由于大坝的坝体是水利工程，这个建筑在坝体上施工原则上只能成为临时建筑，甲方无奈地降低投资，方案也只能无情地被缩水了，我只好重新设计。无论如何心痛，项目还是要继续，于是我把大量的精力用在如何降低造价的同时尽量保证能有一条室外完整的路径，能够从湿地公园上到大坝，再从大坝的标高一直通往屋顶平台。因为基地西南侧的河面上正在修建一条跨河大桥。于是我便在屋面"斜切了一刀"，用以将人们的视线导向跨河大桥，让这个漂亮的大桥成为很好的借景。设计的初衷始终没变，那就是一切从景观出发。我轻松地完成了这个小东西。

2011 年 9 月这个小建筑完工了。甲方按自己的想法进行了外部的装饰，增加了些原方案没有的外部构件，其实看起来挺匪夷所思的。有朋友调侃说，"盘锦盛产河蟹，加的两个犄角是为了向蟹钳致敬"。我倒是觉得这是身为建筑师的我到了后期没有及时与甲方沟通协调造成的，这也印证了建筑设计其实是门遗憾的艺术，总会有那么一点不甘心。但值得欣慰的是我所坚持的那条景观路径和平台得以实现了。

"修身，齐家，治国，平天下。"修身，对应个体也就是管好自己即可。齐家，涉及到他人了，从个体变成了小团体。治国，范围更大了，规模变成了若干团体。以此类推"平天下"所涉及的面就更加宽泛。

建筑设计也是如此，在设计这个小建筑的同时，我还有几个较大的项目也在设计中，涵盖了五星级酒店和高档居住区。停下来想想，小建筑如同修身齐家，小家未定何以治国平天下？只是我们国家的建设速度太快了，中国年轻建筑师手中握有几万平方米大项目的太多了，但真正开始思考的却不多。项目大意味着收入成比例增加，有时也会踌躇"生活的压力和生命的尊严哪个重要？"但我做出了自己的选择，那就是"从小做起！"一个如此小的项目稍有懈怠都会留下如此多的遗憾，若是大型城市综合体呢？我不敢想象。在高速的发展建设中，

史振宇
大连都城建筑设计有限公司设计总监
K8 建筑工作室建筑师
辽宁工程技术大学 06 届毕业生

中国的建筑设计往哪走？这个题目与中国的春运问题一样难解。作为大海中的一滴水我无权对国家的超速行驶出示罚单，但我能从修身齐家做起。我相信只要我们从一点一滴做起，投入建筑师的责任心和激情，不断地自我完善，结果定会功德圆满。

小是一种淡然，一种释怀，正如荡气回肠是为了最美的平凡。

NEUSOFT GROUP
TIANJIN PARK

东软集团天津园区

项目名称：东软集团天津园区
设计者：康慨、王雷、马丽娜
设计类别：办公楼
建设地点：天津 空港区
场地面积：40 000m²
建筑面积：一期 30 000m²，二期 35 000m²
设计时间：2010 年 4 月
完成时间：2011 年 3 月

东软集团作为现如今 IT 行业的佼佼者，设计之初我们就着眼于打造一个高效、高尚、生态型的办公环境。天津东软软件园的办公环境从"我的空间"变化到"我们的空间"。这种空间的转变可以很好地帮助人们实现高效办公，其原因在于它可以帮助人们高效地交流，信息的传递，创意的激发，同时更好地互相协作。同时软性的管理手段，加上硬性的办公设备，可以体现一个全新的办公环境。

绿色生态办公区同时也是一种高效、低耗、无废无污染且能实现一定程度自给的新型办公方式。而天津东软软件园在设计之初就考虑到人们对绿色生态办公的需求。绿色的草坪、绿色的屋顶花园、绿色的大堂中庭、绿色的办公空间。踏入天津东软软件园，立刻会让人们深深陶醉在这扑面而来的盎然绿意当中。为有限的空间创造更多的绿色，建筑除在楼体周围栽种大片植物外，还在裙楼屋顶、板楼屋顶和车库屋顶建造大型屋顶花园。建筑核心筒的设计，便于合理利用空间，适当的空间和进深令任何办公空间都会享受到自然采光和别样风景。

随着社会发展，绿色生态办公不仅是办公人士的追求，也是可持续发展的要求。良好的办公环境可以使人们做出最理智的决策和判断，提高工作效率，也可以使城市减少热岛效应，节约能源。天津东软软件园也正是以其独特的设计诠释着这一理念，力求能成为一座健康生态型的软件园区。

DALIAN VOCATIONAL TRAINING SQUARE CONCEPTION DESIGN

大连职业培训广场方案设计

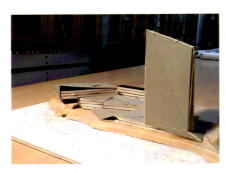 

项目名称：大连职业培训广场方案设计
设计者：康慨、王雷、刘爽
设计类别：校园改造
建设地点：辽宁 大连
建筑面积：77 212m²
设计时间：2010 年

项目追求的是一种朴素的校园情怀，以开阔的运动场、舒适的交流平台、幽静的林荫小路等为代表的美好回忆。由此，塑造真实的校园"第二课堂"成为了初衷。方案中设计师将基本功能划分为四个体块，即社会化服务区、教学区、公寓区及学生宿舍和相关配套设施。通过对四个体块的整合与变异，巧妙地营造了学生的活动和交流空间。

FAKU SPORTS CENTER
法库文体中心

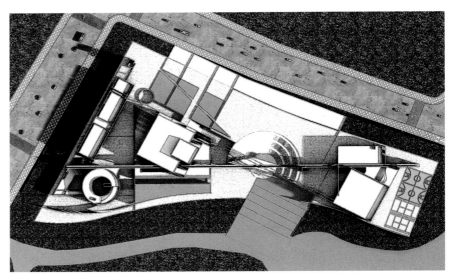

总平面图

项目名称：法库文体中心
设计者：康慨、王雷、薛嵩、邵畅
设计类别：文化中心
建设地点：辽宁 法库
占地面积：6.0269ha
建筑面积：29 744m²
设计时间：2011 年

就整体城市规划角度而言，文化中心的规划理应适应总体布局，原规划在政府大楼和文体中心之间设计了一个圆形开阔的城市广场。为了满足政府办公大楼坐北朝南的正向布局，该区域建筑单体的摆放与城市道路网络是不对应的，各自形成独立体系。而 6.0629ha 的占地，建设 29 744m² 的建筑面积，无疑又将建筑师陷入一种设计空洞无内容的苦恼之中。于是为了处理以上两个先天的设计障碍，我们提出了以下具体的应对策略。

结合环境自成体系
既然区域内的建筑规划网络，与城市道路体系不相对应，那么文体中心就自然定义成为政府办公大楼与城市道路网络之间的纽带。我们将两个体系在文体中心的场地内进行叠加，再与各个功能部分进行有机组合，架构一个专属于文体中心的平面网络体系。如此，既能达到与城市布局相适应，又能与新城市中心的建筑规划网络相统一，有效地处理了矛盾。

北高南低的退台式建筑构成
由于地势北高南低、西高东低，而北向是城市主要道路，南向具有良好的自然湿地景观，我们索性在功能上将文化建筑群与体育建筑群分开设置在中央广场的两侧，而利用设置在西侧的文化建筑群功能复杂和所处场地高差较大的特点进行由南向北的退台式布局。利用剖面设计的方法将图书馆、博物馆设置于场地标高最低处，顶板高度调整到与城市道路一致。而广电中心与剧院设计在图书馆和博物馆形成的人工平台之上。如此，在北侧城市道路看过去，产生完整的立面形象之外，又在南侧结合优美的自然景观形成了多个观景层次，有效地控制了建筑体量，增加了场所感。

将架构体系实体化

设计时我们将部分网络控制线实体化，与城市
网络和政府大楼相呼应的部分，演变成了连
廊、框架、坡道等建筑实体。在两个体系交叉
部分布置了广场和庭院，来处理实体化过程中
所产生的空间矛盾。如此，在平面布局上，原
来各功能体之间的联系更加紧密了，而剖面上
由于不同标高设计而产生的多层次流线，营造
了时隐时现的中国古典园林式的游走体验和
戏剧性的效果。

方案设计在完成原有功能要求的前提下，激发
了城市活力，高效地发挥了其社会价值，将城
市从"不可见"转化为"可见"，从不可感知
升华为可感知，为法库新城市中心搭建了一个
梦想的舞台。

HEADQUARTERS OF GREAT WALL INDUSTRY CORPORATION, PANJIN

盘锦长城公司总部基地

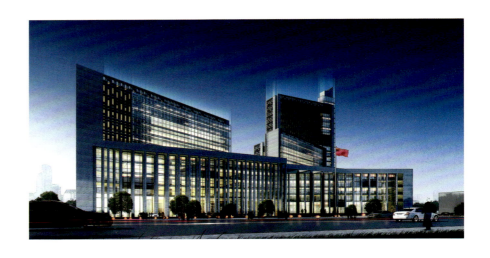

项目名称：盘锦长城公司总部基地
设计者：康慨、王雷、路曦遥、宋世光
建设地点：辽宁 盘锦
建筑面积：57 207m²
设计时间：2011 年

基地位于盘锦市兴隆台区，东临辽河中路，南临公园街，西临井场用地，北临用地界线，占地 37 154m²，建筑面积 57 207m²，其中长城公司总部占 34 788m²，区政府办公楼和服务大厅占 19 839m²，公共报告厅和服务设施 2580m²。方案的功能复杂，想要打造盘锦开发区的标志性建筑，关键不在于形象问题，而是有效组织各个独立办公系统在区域中的关系问题。在思考过程中，我们一直在探索如何使整个建筑群能够与整体规划一脉相承，无论是其标志性的立面形象还是内部的空间组织，应该是紧密联系互为补充的。于是在经历了数轮裙房和高层的设计和博弈之后，我们得到了眼前的设计方案。政府办公楼与长城公司总部作为建筑群的两个主要体量，在构成上进行了拓扑关系的变异，由两个 "Z" 字的主楼经过扭转、搭接形成了主体空间的组织架构。"Z" 字形的主楼布局自然在底层形成了双向的入口交通组织区域，适用于该项目复杂的功能流线，而在空间形体处理上，"Z" 字形的两个主楼好像经历了不同力场的竖向拉伸，将 "Z" 字的原型结构成三个层次的立面表情体系。一个是具有中式特征符号的实体背景，一个是以玻璃幕墙为主的中间过渡单元，而最低的则是显示政府气场的具构柱廊，庄严且大气。整个形体构思一气呵成，简洁大气，探索着办公楼的一种新的组合方式对于城市公共生活带来的转变。

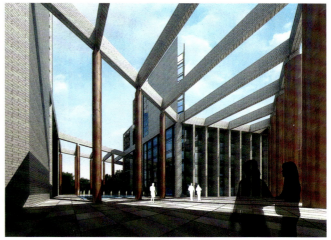

YINGKOU TALENT INTERNATIONAL HOTEL

营口天赋国际大酒店

项目名称：营口天赋国际大酒店
设计者：康慨、王雷、史振宇、于雅娜、朱一峰
设计类别：五星级酒店
建设地点：辽宁 营口
建筑面积：65 000m²
设计时间：2011 年

2011 年 8 月，经过了公开投标之后我们赢得了营口天赋酒店的项目设计。基地位于营口西市区，南侧是渤海大街东段，有宽达 60m 的市政绿化带，东侧为经二路，与市民活动广场毗邻，北侧为维六路，西侧为新东路，整个环境的条件可谓优越。区域总占地 63 863m²，其中包括了 65 000m² 的天赋酒店和别墅、高层住宅等产品。事实上，在区域规划方面，存在着不可调和的矛盾，经过对周边环境的分析，规划酒店的最理想的位置是场地的东南角，能在渤海大街上形成主形象界面的同时，又能对东侧的市民广场有一定的照应。但且不论公建的高度对于园区住宅的影响，单就园区内部本身的规划布局要随着酒店的先入为主而产生偏心的设计，似乎得不偿失。于是经过讨论，我们得出了一个折中的方案，将原来的主楼拆分成两个，一个作为酒店标准客房，另外一个作为酒店办公楼。中心对称式的设置在园区的正南向，降低了高度的同时，又在园区内形成了中轴式的布局方式。结合酒店入口大，设计时突出轴线上视觉景观的仪式感和序列感。而平面形式上两座主楼以弧形在南向形成前区广场，形成中心张力，营造了酒店端庄大气的氛围。裙房的布局也呼应主楼的弧形元素变得弯曲而柔和。在北向的轴线处也形成了开敞，为观赏湖面景色和室外温泉提供了场所。

该地区地下温泉水平均温度在 40℃ 以上，富含矿物质，是养生的绝佳资源。所以在功能设计上，裙房内的温泉养生体验设计就变得尤为重要。功能上不但具备了传统的洗浴设施，比如男女普通洗浴、VIP 洗浴、休息大厅、各式按摩、太空舱等基本服务，同时还拥有 3 000m² 的温泉嬉水大厅和具有良好视野的室外温泉场所，为顾客提供了边看雪景边泡温泉的美妙体验。

TENGCHONG INTERNATIONAL HOTEL PROGRAM

云南腾冲国际酒店方案

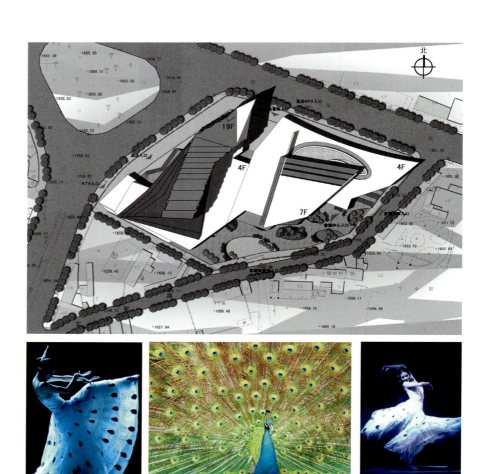

项目名称：云南腾冲国际酒店方案
设计者：康慨、史振宇
设计类别：五星级酒店
建设地点：云南 腾冲
建筑面积：45 000m²
设计时间：2010 年

项目位于云南腾冲，腾冲因其著名的驼峰航线及当地丰富的旅游资源成为度假胜地。

"彩云之南，孔雀之乡"——从云南特有的民族风情中提取文化脉络，再对酒店功能进行合理排布。将"雀之灵"符号化、功能化。如同羽翼般层层叠叠的露台和阳台构成了建筑的最终形态，其下墙体围合成街道与庭院。从而完成了从具象到抽象，再从抽象到具象的设计过程。让人们置身其中体会云南特有的阳光微风。

盘锦海棠园商业广场

项目名称：盘锦海棠园商业广场
建设地点：辽宁 盘锦 建筑面积：11 000m² 设计时间：2011 年

沈阳美国领事馆签证办公楼改造

项目名称：沈阳美国领事馆签证处办公楼改造
建设地点：辽宁 沈阳 建筑面积：3 800m² 设计时间：2010 年

沈阳美国领事馆签证处改造项目在原有建筑的基础上向南
伸出若干个"箱体"，把内部员工和外来人员进行了合理的
分离，在满足内部安全性的同时给签证人员提供了很多精
神场所。整个建筑的外围设计了一个超尺度的框架，使得
整个建筑变得简洁、硬朗、大气，同时巨型的柱廊空间也
衬托出浓厚的美国文化。

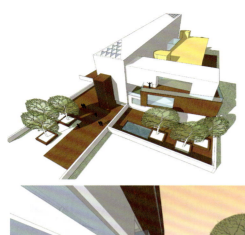

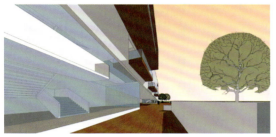

沈阳王伟石艺博物馆

项目名称：沈阳王伟石艺博物馆
建设地点：辽宁 沈阳　建筑面积：1 200m²　设计时间：2011 年

本方案将展览与居住的动静加以分区：公共区为展览空间，相对开放；私密区为主人的自宅，强调私密。利用钢结构连廊将新馆与旧有建筑连接，形成完整的建筑形态。新建区域的设计重点是在相对局促的用地内利用楼梯和坡道按展览的流线梳理出流畅的参观路径。通过开窗的变化利用自然光营造出迷离与神秘的气氛。建筑的外观完全是内部逻辑真实的反应。重视室内空间与室外景观环境的结合，实现展览空间的室内外的相互渗透。

东营职业技术学校

项目名称：东营职业技术学校
建设地点：山东 东营　建筑面积：250 460m²　设计时间：2009 年

在这个设计当中，我们试图将我们与东软合作的经验用到这个项目设计当中。校园应该是一个新兴城市发展的源头，它为城市建设和发展提供人才和技术支持。教育应该是一个城市发展的发动机和源动力。

因此，我们在规划形态上采用 45°斜交体系。使沿街面得以丰富，将校园生活展示给城市，用以丰富城市形态。

1987 年参与设计

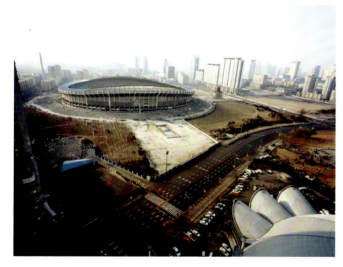

1997 年全部落成

2007 年已成往事

沈阳五里河体育场始建于 1987 年，这是我大学毕业参加工作的第一个建筑项目，于公元 2007 年 2 月 12 日 15 时实施爆破……

——康慨

新畫筆的思考

起媽事件的後習筆記一有

←
2009年 沈阳中级人民法院
2006年 辽河美术馆

→
2006年 清华同方商住楼
2011年 营口天赋国际大酒店

←
2007年 旅顺航运中心
2006年 沈阳格林SOHO

→
2009年 沈阳千缘爱在城
2010年 盘锦天力酒店
2006年 大连海山中庸

→
2010年 沈阳尊荣一方炫彩青年公寓
2002年 大连东软信息技术学院
2006年 沈阳都城MOMO
2007年 沈阳远洋国际公寓
2008年 和静园美术馆

←
2011年 水榭春城办公楼
2010年 盘锦海棠园商业广场
2006年 沈阳格林生活坊
2011年 东软集团天津园区

→
2007年 桓仁县东水西调饮水工程入口

←
2009年 沈阳步阳国际商场
2010年 沈阳中街天润广场
2008年 大连国际软件园
2011年 北京宋庄当代艺术原创产业
基地公共服务平台

后记

· · · · · · · · · · · · · · ·

地处寒冷地带，东北建筑具有独特的地域特征和设计手法，同时也面临着既有建筑改造和新旧建筑共生的课题。然而，在快速建设的浪潮中，中国许多地区的建筑文化特色急遽减退，东北建筑也不例外。在新的时代特征和建筑环境下，东北建筑该往何处发展？东北的本土建筑师又该扮演怎样的角色？本书很好地解答了这些疑惑。

杨晔、崔岩、康慨，他们分别是国营大院的院长、总建筑师、民营大院总建筑师，在近年来东北建筑的发展中起到举足轻重的作用。更值得关注的是，他们突破了东北本土建筑师的局限，凭借优秀的管理方法、创作思想，带领团队创作出许多优秀的建筑作品，在中国建筑界已颇具影响力。

此书充分展示了东北建筑师在面对东北的城市和建筑时所体现的创作"态度"，他们延续了黑土地沉稳却热情、低调又不失豪放的特性。在独特的地域环境下，扎实创作、不断创新，走出当代东北建筑师的创作之路。